淇县林木种质资源

李培华　王建霞　主编

黄河水利出版社
·郑州·

内 容 提 要

本书涵盖了淇县目前林木种质资源的全貌，包括淇县野生林木种质资源、栽培利用林木种质资源、集中栽培的用材林和经济林林木种质资源、城镇绿化林木种质资源、非城镇"四旁"绿化林木种质资源、优良品种资源、重点保护和珍稀濒危树种资源、古树名木、古树群等。首次摸清了淇县林木种质资源的现状，对今后淇县开展造林绿化和森林城市建设、生态环境保护等提供了第一手资料，弥补了淇县林业的一项空白，对进一步积极开发和合理利用林木种质资源、实施林业可持续发展有着极其重要的作用。

本书可供林业系统广大干部职工及林业科技工作者、造林绿化部门及员工，以及喜爱植物研究、自然景物、古树名木的广大读者及户外驴友等阅读参考。

图书在版编目（CIP）数据

淇县林木种质资源/李培华，王建霞主编.—郑州：黄河水利出版社，2023.5
ISBN 978-7-5509-3571-6

Ⅰ.①淇… Ⅱ.①李…②王… Ⅲ.①林木–种质资源–淇县 Ⅳ.①S722

中国国家版本馆 CIP 数据核字（2023）第 087069 号

组稿编辑：王路平　　电话：0371-66022212　　E-mail：hhslwlp@ 126. com
　　　　　田丽萍　　　　　66025553　　　　　912810592@ qq. com

责任编辑：景泽龙　责任校对：杨秀英　　封面设计：张心怡　责任监制：常红昕
出版发行：黄河水利出版社
　　　　地址：河南省郑州市顺河路49号　邮政编码：450003
　　　　网址：www.yrcp.com　E-mail：hhslcbs@ 126.com
　　　　发行部电话：0371-66020550
承印单位：河南瑞之光印刷股份有限公司
开　　本：787 mm × 1092 mm　　1/16
印　　张：12.75
字　　数：295 千字
版次印次：2023 年 5 月第 1 版　　2023 年 5 月第 1 次印刷
定　　价：65.00 元

《淇县林木种质资源》
编委会

序

淇县古称朝歌,曾为殷末帝都,卫国国都,虽然幅员较小,却是一座中外闻名的历史名城。数千年来,勤劳的淇县人民在这块土地上,春耕秋收,夏网冬猎,创造了灿烂的文化,留下了丰富而珍贵的生态文化遗产。近几十年来,随着林业生态建设的持续开展和不断提升,淇县的造林绿化工作取得了骄人的成绩,先后荣获"全国绿化模范县(市)""河南省林业生态县(市)""河南省国土绿化模范县(市)""河南省平原绿化高级标准先进县""河南省林业推进生态文明建设示范县""河南省级森林城市"等荣誉称号。摸清挖掘研究淇县林木种质资源是淇县生态文明建设的重要基础性工作,对淇县生态建设高质量发展具有重要意义。

林木种质资源是林木良种选育的物质基础,是林木遗传多样性的载体,生物遗传多样性是生产力资源。随着国民经济的发展和人民生活水平的不断提高,对各种木材产品、果品、花卉、药材和工业原材料的要求,趋向优质、高效和多样化。林产品市场需求日趋多样,迫切需要对现有树木进行不同功能的定向培育和遗传改良。因此,需要保存、评价、利用和储备多样化的可供选择利用的林木种质资源。林木种质资源已经成为我国生态建设的关键性战略资源之一。

提高林业的经济、生态效益和社会效益,必须依靠林木良种,林木良种选育的关键是要有更丰富的种质资源。开展林木种质资源普查、收集、保护、利用是林业可持续发展的必然要求。当前,林木种质资源保护显得更为迫切,对生态环境建设及国民经济可持续发展更为重要。开展保护工作的同时,抢救保护我国珍贵、稀有、濒危和特有树种种质资源,为全面实施国家林木种质资源保护与利用奠定了坚实的基础。

淇县自然资源局在上级林业部门的大力支持下,历时一年零十个月,首次开展了全县林木种质资源普查工作,取得了丰硕的成果,摸清了全县林木种质资源家底,为淇县生态建设规划、造林树种与品种的选择、林木良种的推广、野生树种的开发,以及古树名木、珍稀濒危树种的保护提供了翔实的依据。引领了豫北地区植物研究之先河,填补了我县在这一领域的空白,这是淇县自然资源系统的一项重要成果,凝结了全体林业战线同志们的心血,《淇县林木种质资源》的出版,谱写了林业生态建设绚丽多彩的新篇章。在此书脱稿付梓之际,特表示衷心的祝贺!

淇县自然资源局

2023 年 3 月

目　录

第一章　自然条件及社会概况

第一节　基本概况

一、自然条件

淇县位于豫北,太行山东麓,隶属鹤壁市。北纬 35°30′05″~35°48′26″,东经 113°59′23″~114°17′54″。西依太行与林州市连山,东临淇河与浚县共水,北与鹤壁市毗邻,南与卫辉市接壤。淇县总面积 567 km²,总人口 26.9 万人,辖 9 个乡镇(办),174 个行政村,3 个居委会,是全国食品工业强县、科技进步先进县、全省畜牧强县、经济管理扩权县和对外开放重点县,是河南省“十一五”期间重点发展的六大服装产业基地之一。区位条件优越,交通便达,北距首都北京 500 km,南至省会郑州 120 km,京广铁路、石武高铁、京港澳高速公路、107 国道纵贯全境南北,国家西气东输工程、南水北调中线工程西傍县城而过。

二、社会概况

淇县历史悠久,文化灿烂,古称朝歌,曾为殷末四代帝都和春秋时期卫国国都,是河南省首批历史文化名城。因有北方漓江之称的淇河流经于此而闻名,具有 3 000 多年的历史,是华夏文明的发祥地之一。这里人杰地灵,英才辈出。被孔子誉为“殷有三仁”的箕子、微子、比干,纵横家、军事家、教育家鬼谷子,刺秦义士荆轲等都出自这片古老的土地。林姓、卫姓、康姓、商姓、殷姓以及韩国康氏、琴氏等姓氏均起源于此,是中华民族姓氏的重要发源地。

淇县物华天宝,资源丰富,盛产小麦、玉米、花生、核桃、花椒等优质农副产品。淇河鲫鱼、缠丝鸭蛋、无核枣被誉为“淇河三珍”,曾为历代宫廷贡品。铁、铜、锡、煤、白云岩、花岗岩、玄武岩等矿产资源储量大、品位高,具有巨大的开发价值。旅游资源丰富,境内的云梦山景区和古灵山景区为国家 4A 级景区,摘星台景区为国家 3A 级景区,拥有朝阳寺景区、纣王殿、淇园等数不胜数的殷商文化遗址。

近年来,淇县大力发展特色农业种植,全力推进脱贫攻坚。先后打造了豫北秦街黄桃、黄洞温坡花椒、朝歌山小米等区域农特产品品牌。全县黄桃、水蜜桃等种植面积 6 万亩❶左右,大红袍花椒种植 11.6 万亩,山小米种植 6.2 万亩。2017 年 3 月,淇县大红袍花椒种植项目被列为省级农业标准化示范区项目。2019 年 10 月,该标准化示范区创建工

---

❶　1 亩 = 1/15 hm² ≈ 666. 67 m²。

作以高分通过省市场监管局考核组考核验收。2017 年 11 月,淇县朝歌山小米、油城山小米被国家农业部农产品质量安全中心认定为无公害农产品,2019 年 9 月被评为"河南省优质产品金奖"。2020 年 3 月,淇县"豫北秦街黄桃"顺利通过中国绿色食品发展中心绿色食品认证,获得"绿色食品 A 级产品"认证。

第二节　地形地貌

淇县域内广泛出露寒武系和奥陶系地层,前寒武系出露很少,仅见基岩区的太古界变质岩,与震旦系和玄武系成不整合接触。震旦系出露仅数十米厚,甚至缺失。古生界缺失上奥陶统至下石炭统。由于新生界覆盖,上石炭统出露不全,二叠系无出露,仅能从钻孔中见到。新生界有上、下第三系和第四系。

淇县地处太行山区和豫北平原交接地带,地貌类型比较复杂,山区、丘陵、平原、泊洼均有。全县地势西北高、东南低,西和西北为山区,东和东南为平原和泊洼,北、东、南三面环水,所有内河均向东南汇集。西部山区海拔多在 100~1 000 m,最高 1 019 m。东部平泊地区高在百米以下,最低海拔 63.8 m,高低差距 955.2 m。地面坡度分平坦、缓坡、斜坡、陡坡、急坡、险坡、峭坡等七种,均因山丘平泊的变化而变化。

第三节　水文与水资源

淇县水资源比较丰富,水质较好,但空间地域分布不均,可利用部分不多。淇县全年平均降水总量为 4.1 亿 m^3,除蒸发入渗外,平均径流深 162 mm,年径流总量为 8 437.10 万 m^3。地表径流多发生在雨季,特别是汛期,除一部分入渗补充地下水外,大部分顺思德河、淇河、小朱河、八米沟等沟河流出境外。每年实际用水量仅 1 100 万 m^3,只占年径流总量的 13%。

淇县水质较好,灌溉用水酸碱度适中。全县泉水绝大多数水质优良,如太和泉、水帘洞泉、灵山泉、鱼泉。淇县属海河流域。全县主要河流有 15 条,总长 222.9 km。其中,界河 4 条,总长 56.7 km;内河 11 条,总长 166.2 km。泊洼地区另有排水沟 773 条,总长 195 km。界河以淇河最大,界内总长 45.5 km。内河以折胫河、思德河、赵家渠最大。淇县山丘区较多,沟河两岸也有泉水溢出。据水利局 1980 年调查,全县共有活水泉 77 处,常年流水泉 48 处,季节泉 29 处。

第四节　气　候

淇县地处北温带,属暖温带大陆性季风气候,四季分明。其特点是:春季干旱多风,夏季炎热、雨水集中,秋季凉爽季短,冬季少雪干冷。全年日照 2 348.3 h,日照百分率为 53%。年均降水 671 mm,年际间变化较大,最高年份 1 146 mm,最少年份 306.6 mm,多集中于 7、8 两月,占全年降水量的 60% 以上。

淇县夏至最长日照 14 h 35 min,冬至最短日照 9 h 44 min,春分秋分为 12 h。境内全年日平均气温 13.9 ℃。最暖年 14.7 ℃,最冷年 13.0 ℃。月平均气温以 7 月最高为 26.9 ℃,1 月最低为 0.9 ℃。春季平均气温 14.2 ℃,夏季平均气温 26.2 ℃,秋季平均气温 14.3 ℃,冬季平均气温 0.5 ℃。

淇县多年平均地面温度为 16.7 ℃,6 月最高平均 32.1 ℃,1 月最冷平均 −0.8 ℃。

淇县全年平均无霜期为 209 d,最长 233 d(1965 年),最短 177 d(1981 年)。平均初霜日在 10 月 27 日,最早在 10 月 9 日(1981 年),最晚在 11 月 17 日(1965 年)。平均终霜日在 4 月 3 日,最早在 3 月 23 日(1977 年),最晚在 4 月 24 日(1988 年、1990 年)。

淇县年平均降水量(包括雨、雪、雹)605.2 mm。1963 年最多达 1 164 mm,1965 年最少,仅 360.6 mm。

淇县地处太行山脉和连绵的浚县火龙岗之间,形成一南北走向的狭长风道,是全省大风较多的县之一。风向多南北,风力多为 4.5 级。

第五节 土 壤

淇县总面积 567.43 km²。其中耕地 32.29 万亩,农民人均 1.5 亩。此外尚有 36.5 万亩荒山、荒岗、荒沟可植树种草,发展林牧业。另有河流、水库、沟渠、坑塘占地 3.4 万多亩,水面可以发展渔业和水生经济作物。淇县土壤总面积 72 万亩,分褐土、潮土、水稻土 3 个土类,7 个亚类 14 个土属 32 个土种。其中褐土类面积 65 万亩,潮土类面积 7 万亩,水稻土面积 200 余亩。

淇县矿产资源丰富,由于构造、岩浆等地质作用影响,淇县形成了煤和石灰岩、白云岩、花岗岩、石英岩等多种非金属矿产资源及少量金属矿点。金属矿主要有铁、镁、铜、铅、锰等。

第六节 植物资源

淇县属暖温带落叶阔叶林地带,乔、灌、草植物资源丰富,植物种类繁多。淇县自然植被分布于山丘区各处荒山、荒坡、荒沟和部分荒地。面积 35 万亩,占全县总面积的 39.48%。人工植被主要分布于平原泊洼和丘陵大部分地区,山区人工植被较少。人工植被共 49.15 万亩,占全县总面积的 55.4%。淇县的主要高等植物包括被子植物、裸子植物、蕨类植物、苔藓植物 4 个门类 114 科 300 多属 416 种。其中栽培植物 202 种,野生植物约 259 种。栽培植物有农作物,农作物共有 77 种分属 18 科。灌木类主要有野皂角、荆条、酸枣、麻叶绣球等。草本类主要有黄背草、白草、蒿类、羊胡草等。水生、湿生植物包括蒲草、水葱、睡莲、荷花、大花萱草、芦苇、千屈菜、浮萍、金鱼草、菖蒲等。主要用材林树种有泡桐、刺槐、柳、杨、椿、侧柏等,主要经济林树种有苹果、桃、杏、梨、李、核桃、柿、枣、樱桃、石榴、葡萄等,其中著名特产经济林树种有无核枣、大水头柿子、油城梨、绵仁核桃、淇竹等。

第七节 林业概况

淇县林地面积为 23 417.73 hm² (351 266 亩),其中,有林地面积为 20 252.53 hm² (303 788亩),疏林地面积为 272.7 hm² (4 090.5 亩),灌木林地为 611.3 hm² (9 169.5 亩),未成林造林地 1 100.1 hm² (16 501.5 亩),苗圃地 79.5 hm² (1 192.5亩),宜林地 1 005.6 hm² (15 084 亩),林业辅助生产用地 96 hm² (1 440 亩)。全县林木覆盖率为 38.18%。有国家级森林公园 1 处,省级森林公园 1 处。

第二章　林木种质资源普查内容与方法

第一节　林木种质资源普查内容

一、林木种质资源普查的意义

淇县地处中原,属南北气候过渡地区,林木种质资源非常丰富,但长期以来,淇县从未对全县分布的木本植物种类、数量、分布和利用情况做过全面系统的调查,造成林木种质资源本底不清,没有完整的可供公布、交流、利用、保护的普查资料,影响了淇县林木种质资源的保护与管理,影响了林木种子的采收、经营和林木良种选育的进程。《中华人民共和国种子法》明确规定:国家依法保护种质资源;国家和省级农业林业主管部门应当根据普查结果建立种质资源库、种质资源保护区或者种质资源保护地。《国务院办公厅关于加强林木种苗工作的意见》(国办发〔2012〕58号)和国家林业局、国家发改委、财政部《关于印发〈全国林木种苗发展规划(2011—2020年)〉的通知》等文件要求,开展林木种质资源普查工作很有必要。开展林木种质资源普查既是落实全国、省级林木种苗工作部署的必然要求,也是争取国家、省级林木种苗建设投资,推动淇县林木良种化进程和林业可持续发展的客观需要。

开展林木种质资源普查是摸清资源本底、全面系统掌握全县林木种质资源状况的根本途径,是开展林木种质资源管理、保护、监测评价和利用的重要前提,是关系到林业生态和林业产业建设可持续发展的一项重要基础工程。摸清林木种质资源的种类、重点树种的遗传多样性及变异状况,获得树种遗传变异和多样性分布的重要基础数据,并在此基础上制定遗传改良和种质资源保存利用策略,可为林木遗传育种和珍稀林木资源保存利用创造良好条件,为维护国家生态安全和经济社会可持续发展奠定坚实基础,为建设生态林业和民生林业做出重要贡献。因此,做好林木种质资源普查工作具有重要的现实意义和长远的历史意义。

林木种质资源是林木遗传多样性的载体,是良种选育和遗传改良的物质基础,是维系生态安全和林业可持续发展的基础性、战略性资源。根据国务院和河南省政府、国家林业局有关文件精神与总体工作安排,按照省、市统一部署,淇县从2017年5月开始在全县174个行政村,开展了林木种质资源普查,圆满完成了外业及内业普查工作任务。

二、总体思路及总任务

这次普查是淇县首次开展的林木种质资源普查,总体工作思路是:坚持以新发展理念为引领,以推进林木良种化进程、促进林业生态建设和产业发展为目的,以摸清全县林木种质资源的种类、分布、生长与保护状况和选择主要树种优良林分、优良单株等良种资源为目标,在统一实施方案、统一技术规程、统一调查表格、统一验收标准的前提下,林业主管部门各负其责,稳步推进。按照时间节点全面完成外业调查和内业整理任务,基本摸清全县林木种质资源现状,为全县林木种质资源的收集保存和开发利用奠定基础。

(1)全面查清全县野生林木种质资源、栽培利用林木种质资源(包括生态防护林、用材林、经济林、园林观赏树木及木本花卉树种)的种(变种)和品种的数量、分布(或栽培)区域、面积、生长状态、适应性和利用价值等情况。

(2)以主要栽培树种和有潜在开发价值的野生树种为重点,选择出一批优良林分和优良单株(类型),并评价其开发利用前景。

(3)全面查清淇县重点保护和珍稀濒危树种与古树名木、新引进新选育树种(品种)和已收集保存种质资源的种类、数量、分布地点、保存单位、生长和保护现状等。

三、普查对象和内容

普查工作以县为基本调查单位,调查对象包含野生林木、栽培利用林木、重点保护和珍稀濒危树种与古树名木、优良林分和优良单株、新引进和新选育树种(品种)、已收集保存的种质资源等。其中栽培利用林木和新引进新选育树种(品种),凡是有品种的调查到"品种"一级,已收集保存育种材料调查到"品种或资源原始编号"一级,优良林分和优良单株分别调查到"种、优株"一级,其他种质资源调查到"种、变种(或类型)"一级。

(一)野生林木种质资源调查

野生林木种质资源包括淇县自然分布、以原生群落(原始林、天然林和天然次生林)存在和生长的野生乔木与灌木树种种质资源。调查的内容包括树种及其种质资源(种或变种)的名称、数量(面积、株数)、分布、生境、单株或群体信息、形态特征指标、生长特性等。

(二)栽培利用林木种质资源调查

栽培利用林木种质资源包括所有人工种植的用材林、生态防护林、经济林(含干鲜果树及其他经济林)和园林观赏树木及木本花卉等树种(品种)种质资源。调查的内容包括种质资源的类型(种、变种或品种)名称、分布区域、种植面积(或株数)、生长量(或产量)、优良特性、品质表现等。

(三)重点保护和珍稀濒危树种与古树名木调查

重点保护和珍稀濒危树种包括列入国务院1999年批准发布的《国家重点保护野生植物名录》并在河南省分布的树种,以及列入《河南省重点保护植物名录》的树种。古树名木包括单株古树名木和古树群:单株古树名木是指具有百年以上树龄的古树,具有特殊文化历史纪念意义的名木;古树群是指由3株以上且集中生长的古树形成的群体。调查的内容包括:重点保护和珍稀濒危树种与古树名木资源的种类、数量(面积、株数)、保护等级、树龄、胸径、树高、地理位置及生长与保护状态等。

(四)优良林分和优良单株(类型)调查

优良林分和优良单株(类型)是指在相同立地条件下,生长量(或产量)、材质(或果品品质)以及适应性、抗逆性等某一方面或多方面明显超过同种同龄的其他林分和单株。此项调查选优对象以天然次生林和实生苗营造的人工林中的主要树种为主,无性化良种栽培的树种只选择优良变异单株(类型)。

(五)新引进和新选育树种(品种)种质资源调查

新引进和新选育树种(品种)种质资源主要包括本县域内各级科研院所、各级林业单位、涉林企业从市外引进和自主选育,处于试验阶段或试验基本结束,或已通过技术鉴定或新品种登记,但尚未审定推广的树种和品种[已在生产中推广应用的,列入栽培树种(品种)调查登记范围]。主要调查内容:新引进树种(品种)的名称、引种材料种类、引种时间、试验或保存地点与数量、适生条件与范围、特征性状、生长发育情况、繁殖方法等;新选育树种(品种)的名称、选育方式、亲本来源、选育时间、试验地点与面积,主要特性指标与优点、适生条件与范围、繁殖方法等。

(六)已收集保存林木种质资源调查

已收集保存林木种质资源主要包括各类自然保护区、林木良种基地(种子园、采穗圃、母树林、采种基地)、原地与异地种质资源保存库(圃)、试验林、植物园、树木园等保存的种质资源;本县域内各级科研院所、各级林业单位、涉林企业结合科研生产,收集保存的林木种源、优良家系、品种(无性系、类型)、优良单株、优良亲本等种质资源。调查的内容包括保存地类别、建设时间与地点、保存方式、资源种类或编号、来源、收集时间、保存数量、用途、繁殖方法、生长与保存状态等。

四、参与普查的单位

淇县成立了林木种质资源普查工作领导小组,负责本县林木种质资源普查工作的领导、组织、协调、培训和督导。参加普查工作的主要队伍是淇县林业主管部门、种苗站、林业技术推广站等林业骨干技术人员,负责本县范围内栽培利用林木种质资源、新引进与选育树种(品种)种质资源、重点保护和珍稀濒危树种与古树名木、已收集保存林木种质资源的外业调查、内业整理及种质资源信息管理系统相关信息录入工作、调查资料的审核、数据汇总、成果总结及上报工作。

同时,配合河南洛阳林业职业技术学院开展野生林木及优良林分、优良单株的调查与选择,协调安排交通、向导及食宿等相关事宜。

五、工作步骤与方法

(一)前期准备

(1)召开会议,制订普查方案。召开了全县林木种质资源普查工作启动会议,动员部署全县林木种质资源普查工作。成立了领导小组,制订了《淇县林木种质资源普查方案》和《林木种质资源普查技术规程》,全面启动林木种质资源普查工作。

(2)建立技术骨干队伍。淇县林业主管部门抽调熟悉林木种质资源情况、业务能力强的专业技术人员组成了2个专业调查组,约12人。

(3)对普查人员进行技术培训。组织人员参加省、市、县普查技术骨干培训班,技术培训采取了室内与野外相结合的方式进行,通过组织专家讲解外业调查及内业整理工作的有关技术规定,使所有参与普查工作的人员全面理解技术规程、实施细则的规定,掌握野外调查和内业工作的内容、方法及相关知识。发放了技术参考书籍,包括《林木种质资源普查技术规程》《河南木本植物名录》《河南林木品种名录》《河南树木志》等。

（4）准备调查工具。淇县林业部门为参与普查的人员配备了必要的调查工具、设备、图纸、调查表格等。调查仪器设备配置情况：100 m² 实验室 1 个；通过购买或借用配齐调查所用的仪器设备，配备电脑 2 台，平板电脑 2 台，手持 GPS 2 台，坡度仪 1 台，测高仪 1 台，单反 1 台。另配有望远镜、皮尺、胸径尺、标本夹、枝剪、自封袋等其他调查所需的工具。省林业局安排补助资金 5 万元，主要用于购置调查设备，开展技术培训、外业调查、内业整理等。

（二）资料收集与分析

淇县林业主管部门安排专人收集本辖区的有关资料，主要包括：本辖区的森林资源清查资料、林业区划资料、经济林花卉和古树名木等单项类种质资源调查资料、自然保护区和国家森林公园有关树木或植物的考察报告、树木园和植物园建设情况、林木引种和选育情况、良种基地和种质资源库建设情况、营造林档案和地方志、树木志、植物志等资料。在对已收集资料进行系统研究和分析的基础上，普查小组制订具体调查工作计划和实施细则，确定重点调查范围和踏查、路线调查、样方调查、优良林分和优树选择等具体工作方案，确保调查工作不缺项、不遗漏，调查结果全面真实。

（三）外业调查

外业调查主要是根据普查技术规程和实施细则，在全县范围内分区域、分类别全面开展种质资源野外实地调查和优良林分、优良单株（类型）选择，详细填写有关调查表格，拍摄种质实物照片，采集制作并记录植物凭证标本（仅限不能识别的植物）。这次普查的技术优势是利用河南省林业局开发的普查软件和普查平板电脑，自带拍照功能和 GPS 定位，及时登记录入数据、实时上传数据。

每到一个行政村，普查组采取了走访知情人、召开座谈会、查阅资料与实地调查相结合的方式进行。实地调查实行踏查、路线调查与样方调查相结合，面上调查与重点区域调查相结合。野生林木种质资源外业调查，以淇县云梦山国家森林公园、太行山区等为重点，在全面调查各树种资源的同时，注重山地原生群体（种群）和新物种的发现，以及珍稀濒危树种的新发现等。重点保护和珍稀濒危树种与古树名木外业调查，是以原有调查资料及成果为基础进行补充完善。栽培利用林木种质资源外业调查与森林资源清查中的人工林资料相衔接，并细化到品种，其中经济林包含水果；园林观赏树木及木本花卉种质资源外业调查，以森林公园、植物园、城市公园及城镇街道、社区绿地等为重点，与有关花木生产及园林绿化企业相衔接。

全县的外业调查于 2017 年 9 月正式开始，普查组根据不同季节的植物生长状况，分批次地进行了集中的外业调查和分散的补充调查，对全县栽培利用的林木种质资源、重点保护植物、珍稀濒危植物和古树名木资源、新引进新选育的林木种质资源、已收集保存的林木种质资源等分别开展外业调查、登记。

（四）内业整理

淇县普查组于 2019 年 6 月全面完成了全县林木种质资源内业整理、成果总结和林木种质资源管理系统信息录入工作。对各类种质资源调查表格及相关资料进行分析整理和汇总，形成了种质资源普查汇总表和 3 个报告（分别是普查工作报告、普查自查报告和普查技术报告）。鹤壁市林业局按照《河南省林木种质资源普查验收办法》要求，组成验收组,对淇县进行了市级验收,确定淇县开展的林木种质资源普查质量等级为优秀。

淇县普查组通过对普查资料进行审核、汇总和整理分析,弄清了全县各类型林木种质资源种类、数量、分布及生长等情况,分析出种质资源保护、利用、管理状况与存在问题,评估其开发利用前景,有利于下一步制定林木种质资源保护及利用名录,建立完善的林木种质资源信息,搭建林木种质资源信息储存、查询平台。

第二节　林木种质资源普查技术规程

1　范围

本规程规定了林木种质资源普查的总则、普查准备、外业调查、内业整理、成果总结、质量管理和验收。

本规程适用于鹤壁市林木种质资源普查。

2　规范性引用文件

林木种质资源普查技术规程(林场发〔2016〕77号);

林木种质资源保存原则和方法(GB/T 14072);

林木育种及种子管理术语(GB/T 16620)。

3　总则

3.1　普查对象、内容与方法

3.1.1　普查对象

普查对象为行政区域内所有的林木种质资源,包括:

a)野生林木种质资源:原始林、天然林、天然次生林内处于野生状态的林木种质资源,包括乔木和灌木树种的种、变种和主要树种的优良林分、优良单株。

b)栽培利用林木种质资源:造林工程、城乡绿化、庭院绿化、经济林果园等种植的种质资源,包括乡土树种和引进树种的种和品种,实生林中的优良林分、优良单株,无性化栽培林分中的优良变异单株。

c)重点保护和珍稀濒危树种与古树名木资源:重点保护和珍稀濒危树种包括列入国务院1999年批准发布的《国家重点保护野生植物名录》并在河南省分布的树种,以及列入《河南省重点保护植物名录》的树种。古树系指在人类历史过程中保存下来的年代久远或具有重要科研、历史、文化价值,树龄在100年以上的树木;3株以上且成片生长的古树,划定为"古树群"。名木指在历史上或社会上有重大影响的中外历代名人、领袖人物所植或者具有极其重要的历史、文化价值、纪念意义的树木。

d)新引进和新选育林木种质资源:包括从省外(含国外、境外)引进和自主选育,处于试验阶段或试验基本结束,或已通过技术鉴定或新品种登记,但未审定推广的树种和品种(已推广应用的,列入栽培利用林木种质资源调查登记范围)。

e)已收集保存林木种质资源:种子园、采穗圃、母树林、采种林、遗传试验林、植物园、树木园、种质资源保存林(圃)、种子库等专门场所保存的种质资源。

3.1.2 普查内容

a)查清区域内乔木、灌木、竹类和木质藤本等林业植物资源的种类、数量(面积、株数)、分布及生长情况;记录分布地点的群落类型及生长环境。

b)调查树种种内的品种、品系、优良单株、变异类型等林木种质资源的来源、经济性状、抗逆性、种植面积与区域、保存状况等。

3.1.3 普查方法

采用资料查询、知情人访谈、踏查、线路调查、样方调查、单株调查等。

3.2 普查成果

林木种质资源普查成果主要包括:林木种质资源普查报告;林木种质资源名录、影像、凭证标本;林木种质资源数据库和信息管理系统;调查过程中收集和编制的各类文字技术资料及图件档案等。

3.3 普查工作程序

普查工作按以下程序进行:

a)普查准备:明确普查目的目标,制订工作方案和实施细则,准备所需的技术资料、仪器工具、物资等,组建普查队伍,培训技术人员。

b)外业调查:对鹤壁市范围内的野生林木种质资源、栽培利用林木种质资源、重点保护和珍稀濒危树种与古树名木资源、新引进和新选育林木种质资源、已收集保存林木种质资源等分别开展外业调查、登记。

c)内业整理:普查数据的整理、录入、汇总、分析,标本鉴定、图件绘编。

d)成果总结:编制普查成果报告,建立数据库和信息系统。

e)审核验收,存档。

4 普查准备

4.1 制订实施方案

制订具体的普查工作方案和实施细则,包括调查时间、范围、进度安排、经费安排等。

4.2 组织准备

省、市、县(市、区)林业主管部门成立普查工作领导小组及办公室、专家咨询组,明确分工,分别以相关高校和市、县(市、区)为单位组成调查组开展调查。

4.3 资料准备

4.3.1 基本资料

广泛搜集调查区域内林木种质资源的相关资料:

a)森林资源清查、森林资源规划设计调查、森林资源档案、自然保护区考察报告、林相图以及林业区划等相关资料。

b)自然保护区、森林公园、林木良种基地、林木采种基地、植物园、树木园、品种园、现代高效农业园区、各类苗圃基地的档案资料,历次林木良种公告,选优、优树收集、引种驯化以及各类子代测定林、种源实验材料、建园(场)材料等技术档案。

c)树木志、植物志、植物图鉴、植物检索表、地方志、植物名录、植物资源、森林资源和古树名木等资料。

4.3.2　其他资料

气候、地理、土壤和社会经济等资料。

4.4　调查用具准备

4.4.1　仪器、设备及工具

包括数码相机(不低于800万像素或分辨率不小于3 264×2 448)、电脑、数据采集仪、围尺、钢卷(围)尺、皮尺、土壤刀、测高器、GPS仪、望远镜、生长锥等必要工具。

4.4.2　图表和文具

调查表格,调查用图,记录用纸、笔、包等文具。

4.4.3　标本、样品采集器械

采集袋、标本夹、枝剪、高枝剪、手锯、放大镜、吸水纸、台纸、透明纸、浸制试剂、硅胶、采集标签和鉴定标签等。

4.4.4　辅助用品及其他

野外常用药品、野外防护装备、通信设备、安全用具等。

4.5　技术培训

开始调查前,组织调查人员学习有关文件、技术规程、树木识别和分类、安全等有关知识及技术要求,通过短期培训和试点,掌握外业、内业的工作程序与方法及外业工作安全常识等。

5　外业调查

5.1　野生林木种质资源调查

调查野生树种及其种质资源的种类、数量、分布、生境、生长情况等。调查目的树种的优良林分和优良单株。

5.1.1　资料查询

查询已有的技术档案和文献资料,掌握普查区域内林木种质资源的基础信息,了解树种分布及整体概况。

5.1.2　知情人访谈

通过会议方式,召集基层林业技术人员和熟悉情况的村民代表进行座谈,了解询问调查区域内的特异林分和单株,确定重点调查线路和重点调查区域。

5.1.3　林木种类调查

线路调查为主,必要时可结合样方调查,查清树种种类、数量(面积、株数)、分布等。调查线路或调查样方要根据调查内容以及调查区域的地形、地貌、海拔、生境等确定,调查线路或调查样方的设立应注意代表性、随机性、整体性及可行性相结合;样方的布局要尽可能全面,分布在整个调查地区内的各代表性地段。重点沟谷调查不得少于沟谷总数的1/2,一般沟谷调查不得少于沟谷总数的1/3。同时,也要注意到被调查区域的不同地段的生境差异,如山脊、沟谷、阳坡、阴坡、海拔等;样方根据地形地貌布设并进行调查记录。

a)踏查

根据现有资料和了解的情况,确定当地需要调查的树种,利用森林资源分布图和行政

区划图,按一定的线路,了解资源分布区内树种种类、林分起源、结构、林龄、生长情况、地形地势、立地条件等。

b)线路调查

线路调查应在踏查的基础上,结合森林资源分布图、地形图或卫星图片进行设计,根据自然条件的复杂程度和植物群落的类型确定调查线路和线路密度。调查线路的长度和宽度应符合林分抽样的规定。在山区坡面地段,从谷底向山脊垂直于等高线设置;在河谷地段,沿河岸由下游向上游设置。在线路调查行进中,要不断记录新见的树种。目测能见范围内(每侧 20 m)各树种因子,了解资源分布区树种、林分的起源、组成、林龄、生长情况、地形地势、立地条件等,调查结束时按实际调查数量进行汇总。

沿调查线路记录观察到的不同树种,填写调查表1(野生林木种质资源树种调查表),并拍摄标准株形态照片。对于不能准确识别的树种需要采集枝、叶、花、果等器官,压制成标本,拍摄形态照片,以便鉴定。

c)样方调查

对树种种类多、分布面积较大的区域,选择有代表性的林分,根据树种种类、分布范围、地形地貌等情况设置样方进行调查。样方不宜设在林缘,不能跨越河流、道路。样方面积依据种质多样性来确定,一般样方面积设为 400 m^2;林木种质资源较少、地形比较开阔的地段样方面积可设为 600 m^2;全部为灌木类型的样方面积设为 25 m^2(5 m×5 m)。样方为正方形或长方形,长方形样方最短边不能小于 5 m。

在丘陵和平原地区,采用线路调查和样方调查相结合,按南北向或东西向平行、均匀布设调查线路。在野生林木种质资源分布的沿湖或沿河等确定踏查线路,沿线路进行调查,视情况每 1~3 km 设置一个代表性样方进行样方调查。

样方调查内容包括树种名称、分布、数量等。填写表2(野生林木种质资源样方调查表)。

5.1.4 优良林分调查

确定调查的目的树种。原则上选择没有开展系统选优和良种数量不能满足生产需要的主要造林树种进行。

a)优良林分的确定

根据以下原则确定优良林分:

1)目的树种集中分布、处于中龄和近熟阶段的林分。

2)地形平缓、交通方便、分布相对集中,面积宜在 0.3 hm^2 以上,以便于管理、保护和种实采集。

3)宜选同龄林或相差 2 个龄级以内的异龄林,密度适宜,郁闭度不低于0.6。

4)林木生长整齐、生长量及其他经济性状明显优良,没有经过人为破坏或未进行上层疏伐的林分。

b)优良林分的调查

1)样方设置

在确定的优良林分内,选择代表性地段设置样方。样方形状为正方形或长方形,样方调查面积应占候选林分总面积的2%,样方面积不小于 400 m^2,全部为灌木类型的样方面积设为 25 m²(5 m×5 m)。

2)每木调查

在样方内实测每木胸径、树高、枝下高、冠幅,目测树干通直度和结实情况等。同时调查林分面积、地形、树种起源、林龄及郁闭度等,调查结束拍摄照片,填写表 3(优良林分样方调查表),并参考附录 B(优良林分标准及选择方法)。

5.1.5　优良单株调查

确定调查的目的树种,并根据目的树种制定选优指标。原则上选择没有开展系统选优和良种数量不能满足生产需要的主要造林树种进行。

a)优良单株的确定

1)林内选优:在确定的优良林分中选择或者在种源清楚且表现优良的林分中选择。

2)散生木选优:散生木因找不到对比树,选择时多以形质指标为主,同时考虑并比较其年生长量、重要经济价值,确定是否入选。散生木候选优树应该是实生起源的成年植株,还应注意其周围的立地条件和栽培措施,其土壤条件应具有一定的代表性。

3)选优方法:参考附录 C(优良单株选择常用方法),采用优势木对比法、小样地法、丰产树比较法以及优良性状入选法等方法。

b)优良单株调查

调查优良单株的树高、胸径、冠幅、重要经济性状、特异性状等,拍摄照片、采集标本,填写表 4(优良单株调查表)。

5.2　栽培利用林木种质资源调查

调查栽培利用林木种质资源的类型、数量及其分布等。调查目的树种的优良林分和优良单株。

5.2.1　资料查询

查询已有的技术档案、引种档案和文献资料,掌握该区域内栽培林木种质资源基础信息,了解栽培林木种质资源的类型及利用情况。

5.2.2　知情人访谈

通过会议方式,召集基层林业技术人员和熟悉情况的村民代表进行座谈,了解询问栽培特异林分和单株。

5.2.3　调查登记

在资料查询和访谈的基础上,进行实地调查,登记栽培树种(品种)种质资源类型、数量、分布和生长状况等,填写表 5[栽培树种(品种)调查表]。

5.2.4　优良林分调查

只从采用实生苗或播种造林的目的树种人工林中选择调查。调查方法见 5.1.4。填写表 3(优良林分样方调查表)。

5.2.5　优良单株调查

调查方法见 5.1.5。其中,品种化栽培的人工林只选择优良的变异单株。填写表 4(优良单株调查表)。

5.3 重点保护和珍稀濒危树种与古树名木调查

5.3.1 重点保护和珍稀濒危树种调查

利用过去已开展的国家重点保护植物、珍稀濒危保护树种、珍贵树种和河南省重点保护树种调查成果资料,进行补充调查和现场核实,填写表6(重点保护和珍稀濒危树种调查表)。

5.3.2 古树名木调查

查询登记古树名木的现有调查成果资料,进行实地核实和补充调查,拍摄照片,填写表7(古树名木调查表)。

5.3.3 古树群调查

对普查区域内古树群分布地区逐一实地调查,记录群体生长环境及生长状况、形态特征,访问当地长者或查询历史资料等推断树龄,测量树高、胸径、枝下高、伴生植物等相关指标,拍摄群体、整株及花果的照片,填写表8(古树群调查表)。

5.4 新引进和新选育林木种质资源调查

组织有关科研、教学、生产等开展良种引进与选育的单位,进行调查登记,拍摄照片,新引进林木种质资源填写表9[新引进树种(品种)调查表],新选育林木种质资源填写表10(新选育品种调查表)。

5.5 已收集保存林木种质资源调查

对收集保存在专门场所的林木种质资源进行调查、登记。

5.5.1 资料查询

通过查询历史技术档案资料,掌握林木种质资源的保存、定植等信息。

5.5.2 调查登记

现场核查各类林木种质资源的名称、来源、特征特性、保存场所、资源现状等信息,拍摄照片,填写表11(收集保存林木种质资源调查表)。

照片拍摄要求:拍摄生境、群体、植株以及叶、花、果实等能反映种质资源特征的照片,要求拍摄物主体突出,图像清晰,照片像素不低于800万(图像分辨率不小于3 264×2 448),采用.jpg格式存储,并记录照片原始编号。

6 内业整理

6.1 外业调查表整理

核对外业工作调查的内容、范围及各类调查表,补充遗漏调查内容,对外业调查表进行统计、汇总并整理成册。

6.2 影像整理

对拍摄的影像进行归类并备份。核对影像资料的编号、种质名称、拍摄时间、地点与外业调查表相一致。

6.3 凭证标本鉴定与整理

对外业调查现场无法确定的树种,要尽可能采集枝、叶、花、果等器官,制作完整的凭证标本,根据凭证标本和野外采集记录、照片,应用已出版的工具书(如植物志、树木志、树木检索表或图鉴)进行鉴定。仍不能鉴定的树种,填写树种鉴定表(表12 凭证标本采集记录表),报请专家咨询组进行鉴定。制作的标本要妥善保存。

6.4　数据录入与统计分析

根据统一编制的"河南省林木种质资源普查信息管理系统"录入数据。

以树种(品种)为单位,统计每个树种(品种)种质资源的分布点、分布总面积、株(份)数、优良林分的数量和面积、优树的数量等内容。

6.5　图件编绘

按照调查对象以 1/50 000 地形图绘制分布示意图,包括优良林分、种子园、母树林、采种林、采穗圃、保存圃、保存林、植物园、树木园等的位置图。按树种绘制种质资源分布图,标注该树种不同类型种质资源的位置,还包括县、乡、村行政界,村镇、林场、主要山峰位置、水陆交通线(包括河流、公路、铁路等)。

标注种质资源集中分布群落的位置及其界线,小面积的可不依比例示意其位置。注记:

$$\frac{\text{树种(品种)}-\text{编号}}{\text{面积}}$$

标记到图上。

7　成果总结

7.1　普查报告

根据调查结果,撰写普查报告。重点分析本区域的林木种质资源多样性,突出体现地区优势和特色。对林木种质资源收集、保存和利用现状、利用潜力进行客观和综合评价。根据调查结果统计,编写树种名录和林木种质资源目录。

7.2　技术资料汇集

a)管理与文书资料:文件、会议纪要、工作方案、技术规程、实施细则、培训照片、领导讲话、管理规章制度、技术经济责任合同等。

b)外业调查资料:调查簿、调查记录、外业登记表、凭证标本等。

c)图件资料:林木种质资源分布图、照片、影像。

d)上述材料、图片和文字的电子文档。

e)其他成果材料。

8　质量管理

8.1　检查监督

8.1.1　自查

调查组每完成一个阶段的工作,需对清查、样方测设等调查图、外业记录资料进行全面检查,根据情况进行必要的现场核查。

8.1.2　监督检查

市林业主管部门组织质量检查组,对调查工作质量进行检查,发现问题及时纠正。

8.1.3　检查内容

a)调查因子正确率检查

1)定量调查因子:各项定量调查因子,包括经纬度、坡度、海拔、树龄、树高、胸(地)

径、冠幅、树种分布面积等,测量误差要求小于 5%。误差允许范围之内者,以调查值为准;反之,则以检查值为准。

2)定性调查因子:各项定性调查因子定性正确,填写无误;调查技术路线的制定是否正确,制定的技术方案是否符合要求。

b)资料内业检查

调查表格是否齐全,项目填写是否符合要求,计算是否准确;文字资料有无错、漏。图、表、文字资料是否一致;是否随意改动外业调查的基本数据和文字资料。

8.1.4 技术要求与工作质量评定

普查工作质量分为优秀、合格和不合格三个等级。

工作质量评定的标准如下表所示:

质量等级	优秀	合格	不合格
种质鉴定正确率	≥95%	90%~95%	<90%
调查因子正确率	≥95%	90%~95%	<90%
种质信息漏登率	<5%	5%~10%	>10%

三项评定标准中,若有一项指标属于不合格,质量等级即判定为不合格;如三项均达到合格以上,则按最低的一项标准评定。

表1 野生林木种质资源树种调查表

_____市_____县_____乡(镇)_____村,小地名_____

调查人:_____ 调查日期:_____ 表格编号:_____

树种编号	树种名称			生活型(乔木、灌木、竹类、藤本)	分布方式(集中、片状、散生、零星)	资源数量		标本号	原始照片编号
	中文名	俗名	拉丁名			面积(m²)	株数		

表1 填写说明

1.表格编号:外业调查阶段由各调查单位自行编号,汇总后由技术组负责统一编号。

2.市、县、乡(镇)、村:填写县级行政区域的全称。

3.小地名:要写清楚,如×××林场×××林班等。

4.调查人:填写调查队(组)的名称或调查人员,如××县林木种质资源调查1组。

5.调查日期:采用年月日格式,例如20160405。

6.树种编号:每个树种的流水号,按顺序编号。

7.中文名:树种的中文名称,采用树木志中的名称。

8.俗名:树种的别名或当地的俗称。

9.拉丁名:树种拉丁学名,由属名和种名组成,外业阶段可不填。

10.生活型:分为乔木、灌木、竹类、藤本4类,选填。

11.分布方式:分为集中、片状、散生、零星4类,选填。

12.面积:实测或估测每个群落该树种的面积,单位为m²。

13.株数:实测或估测每个群落该树种的株数,可用1~10、11~50、51~100、101~1 000、>1 000几个数字范围表示,单位为株。

14.标本号:采集标本的编号,按相同的规则编号。

15.原始照片编号:每张照片都按照相同的规则编号。

表 2　野生林木种质资源样方调查表

样方编号：_____　　样方面积：_____ m×_____ m

_____市_____县_____乡(镇)_____村,小地名_____

GPS定位:E:_____　N:_____　海拔:_____ m

坡向:○北坡、○东北坡、○东坡、○东南坡、○南坡、○西南坡、○西坡、○西北坡

坡度:_____　坡位:○谷底、○下坡、○中坡、○上坡、○山脊

群落类型及组成:_____　　干扰程度:○无、○轻、○中、○重

林分郁闭度:_____　生境:_____　土壤类型:_____

调查人:_____　调查日期:_____　表格编号:_____

层次	植物名称		物候期	数量	高度(m)	盖度(%)
	中文名	拉丁名				

表 2 填写说明

1. 样方编号:以市(2位)+县(2位)+小组(2位)+顺序号(4位)共10位数组成。

2. GPS定位:按照度数记载,保留4位小数,如 N36.2522°。

3. 群落类型及组成:按乔木层优势种—灌木层优势种—草本层优势种的方式填写,如侧柏—荆条—黄背草。

4. 林分郁闭度:指乔木层郁闭度,以林地树冠垂直投影面积与林地面积之比,用十分数表示,完全裸露为0,完全覆盖地面为1,如0.7。

5. 生境:平地、沟谷、阴坡、阳坡、山脊、村边、沟(塘、湖)边、路旁等。

6. 土壤类型:按土类填写,如黄棕壤、黄褐土、棕壤、褐土、潮土、砂姜黑土、山地草甸土、沼泽土、盐碱土、水稻土、红黏土、新积土、风沙土、火山灰土、紫色土、石质土、粗骨土。

7. 层次:乔木层、灌木层、草本层、木质藤本。

8. 物候期:指调查时的特征,如萌芽期、花期、果期、落叶期等。

9. 数量:乔、灌木标明样方内的实际株树,草本植物不填。

10. 高度:乔木、灌木和草本填写平均高度,木质藤本不填。

11. 盖度:地上部分投影面积占地面的比率,乔木不填,灌木在小样方内目测,保留两位小数,优势草本目测,保留两位小数。

12. 调查日期:采用年月日格式,如20160405。

表 3 优良林分样方调查表

编号：

样方林分因子调查					
县	乡(镇)		村	小地名	
调查者		填表人		调查日期	
GPS 定位	E: N:		N:	海拔(m)	
坡向		坡度		坡位	
母岩母质		土壤类型		植被类型	
样方大小(m²)		目的树种名		林龄(年)	
枝下高(m)		平均冠幅(m)		林分平均胸径(cm)	
平均树高(m)		林分郁闭度		密度(株/hm²)	
林分面积(hm²)		每公顷蓄积量(m³)		起源：○天然林 ○人工林	
人工林种源			树种组成		
林分健康状况	○良 ○中 ○差		结实情况		

样方每木调查							
株号	胸径 (cm)	树高 (m)	枝下高 (m)	冠幅 (m)	树干通直度 (Ⅰ、Ⅱ、Ⅲ)	结实情况	其他

表 3 填写说明

1. 编号：外业调查阶段由各调查单位自行编号，汇总后由技术组负责统一编号。

2. 县、乡(镇)、村：填写县级行政区域的全称。

3. 小地名:填写调查的具体地点,如×××林场等。

4. 调查者:填写调查队(组)的名称或调查人员,如××县林木种质资源调查1组。

5. 填表人:填写调查填表人员的姓名。

6. 调查日期:采用年月日格式,例如20160405。

7. GPS定位:按照度数记载,保留4位小数,如N36. 2522°。

8. 海拔:林木种质资源原产地的海拔,单位为m。

9. 坡向:分为东、西、南、北、东南、东北、西南、西北、无。

10. 坡度:可采用测高仪实测,单位为"°"。

11. 坡位:分为脊部、上坡、中坡、下坡、山谷、平地。

12. 母岩母质:填写优良林分林地母岩母质,如石灰岩。

13. 土壤类型:按土类填写,如黄棕壤、黄褐土、棕壤、褐土、潮土、砂姜黑土、山地草甸土、沼泽土、盐碱土、水稻土、红黏土、新积土、风沙土、火山灰土、紫色土、石质土、粗骨土。

14. 植被类型:填写具体的森林植被类型,如松栎针阔混交林等。

15. 样方大小:填写样方的面积,如20 m×20 m。

16. 目的树种名:填写优良林分的树种名。

17. 林龄:根据造林资料填写人工林优良林分的年龄,估测天然林优良林分的年龄。

18. 枝下高:根据每木调查数据求算平均值。

19. 平均冠幅:根据每木调查数据求算平均值。

20. 林分平均胸径:根据每木调查数据求算平均值。

21. 平均树高:根据每木调查数据求算平均值。

22. 林分郁闭度:指乔木层郁闭度,以林地树冠垂直投影面积与林地面积之比,用十分数表示,完全裸露为0,完全覆盖地面为1,如0. 7。

23. 密度:实测。

24. 林分面积:实测或估测优良林分的面积。

25. 每公顷蓄积量:根据平均胸径和平均树高求算。

26. 起源:分天然林、人工林2类,选填。

27. 人工林种源:如为人工林优良林分,根据造林资料调查该林分的种源。

28. 树种组成:优良林分的树种组成比例。

29. 林分健康状况:根据物种丰富度、群落结构、生长状况、更新状况、病虫害程度等综合评价,林分健康状况填写良、中、差。

30. 结实情况:描述优良林分结实情况,分为正常、中等、少量。

31. 株号:按调查顺序编写。

32. 胸径:使用测树尺测量,乔木量胸径,灌木、藤本量地径,单位为cm,精确到整数。

33. 树高:用测高仪(或激光测距测高仪)实测,精确至1 m。

34. 枝下高:测量从地面到树木主干上最低分枝的高度。

35. 冠幅:使用皮尺分东西、南北两个方向量测,以树冠垂直投影确定冠幅宽度,然后计算两个方向宽度的算数平均数,单位为m,精确到整数。

36. 树干通直度:目测。通直度在种源林中采用3级目测评分法,即树干地上6 m区,Ⅰ级——无弯曲,Ⅱ级——略有一个明显的弯曲,Ⅲ级——有两个或两个以上弯曲。

37. 结实情况:描述单株的结实情况,分为正常、中等、少量。

38. 其他:填写其他有价值的信息。

表 4　优良单株调查表

编号：

县	乡(镇)		村	小地名	
调查者		填表人		调查日期	
种(变种)中文名		属中文名		科中文名	
种(变种)拉丁名		属拉丁名		科拉丁名	
GPS 定位	E:　　　　　N:			海拔(m)	
坡向		坡位		坡度	
树高(m)		胸径(cm)		冠幅(m)	
枝下高(m)		单株立木蓄积(m^3)或单株产量(kg)		土壤类型	
起源:○天然生长　○人工栽培			人工栽培种源		
树种组成			结实情况		
优良单株重要特征描述	(描述特殊形态特征、重要经济性状)				
照片编号		拍摄者		拍摄日期	
备注					

表 4 填写说明

1. 编号:外业调查阶段由各调查单位自行编号,汇总后由技术组统一编号,或由系统生成资源编号。

2. 县、乡、村:填写县级行政区域的全称。

3. 小地名:填写调查的具体地点,如×××林场等。

4. 调查者:填写调查队(组)的名称或调查人员,如××县林木种质资源调查1组。

5. 填表人:填写调查填表人员的姓名。

6. 调查日期:采用年月日格式,例如 20160405。

7. 种(变种)中文名:植物分类学上的中文种名。统一选用《中国植物志》及其所采用的恩格勒分类系统的种名(下同)。示例:油松。

8. 种(变种)拉丁名:树种在植物分类学上的拉丁名。示例:*Pinus tabuliformis*,外业阶段可不填。

9. 属中文名:树种在植物分类学上的中文属名。示例:松属。

10. 属拉丁名:树种在植物分类学上的拉丁文属名。示例:*Pinus*,外业阶段可不填。

11. 科中文名:树种在植物分类学上的中文科名。示例:松科。

12. 科拉丁名:树种在植物分类学上的拉丁文科名。示例:*Pinaceae*,外业阶段可不填。

13. GPS 定位:按照度数记载,保留 4 位小数,如 N36.2522°。

14. 海拔:古树、名木、优良单株所在地的海拔,单位为 m。

15. 坡向:分为东、西、南、北、东南、东北、西南、西北、无。

16. 坡位:分为脊部、上坡、中坡、下坡、山谷、平地。

17. 坡度:可采用测高仪实测,单位为"°"。

18. 树高:用测高仪实测,精确至 1 m。

19. 胸径:乔木量胸径,灌木、藤本量地径,单位为 cm,精确到整数。

20. 冠幅:按东西、南北两个垂直方向测量树冠垂直投影的宽度,然后取平均值,单位为 m,精确到整数。

21. 枝下高:测量从地面到树木主干上最低分枝的高度。

22. 单株立木蓄积:根据树高、胸径求算立木蓄积。如果是经济林,测算单株产量。

23. 土壤类型:按土类填写,如黄棕壤、黄褐土、棕壤、褐土、潮土、砂姜黑土、山地草甸土、沼泽土、盐碱土、水稻土、红黏土、新积土、风沙土、火山灰土、紫色土、石质土、粗骨土。

24. 优良单株重要特征描述:包括特异性状,优树的优良性状描述。

25. 照片编号:填写资源对应的照片编号,外业调查填写相机存储的临时编号,内业及时整理。

26. 拍摄者:照片的拍摄人员。

27. 拍摄日期:照片的拍摄日期,采用年月日格式,如 20160405。

28. 备注:填写其他需要说明的事项。

表5　栽培树种(品种)调查表

调查单位:　　　　　　　　　　　　　　　　　　　　　　　　　　编号:

种质名称	中文名		俗名		照片编号	
	拉丁名				来源	
	科　　　　属　　　　种				树龄(年)	
地点	县　　　　乡(镇)　　　　村(居委会)　　　　组(号)					
	小地名			GPS定位　E:　　　N:		
种群面积(亩)		种群数量(株)	①1~10;②11~50;③51~100;④101~1 000; ⑤>1 000			
分布方式	①集中分布;②片状分布;③散生;④零星分布;⑤单株分布					
繁殖方法	①种子繁殖;②扦插;③嫁接;④组培;⑤其他					
选育方式及系谱				所有者		
立地条件	海拔:　　　m;坡向:　　　;坡度:　　　度;坡位:　　　部					
	土壤类型:　　　　　　　土壤厚度:　　　cm					
	肥力状况:①肥沃;②中等;③贫瘠					
生长状况	生长势:①旺盛;②一般;③较差;④濒死					
	开花(结实)状况:①多;②正常;③很少;④无					
	病虫害情况:①无;②轻;③重			病虫害种类:		
适应性评价	抗寒性:①强　②中　③弱 抗旱性:①强　②中　③弱 抗病性:①强　②中　③弱 抗虫性:①强　②中　③弱 抗盐碱性:①强　②中　③弱					
综合评价						

调查人:＿＿＿＿　　调查日期:＿＿＿＿　　审核人:＿＿＿＿

表5 填写说明

1. 编号:以市(2位)+县(2位)+小组(2位)+顺序号(4位)共10位数组成。

2. 土壤类型:按土类填写,如黄棕壤、黄褐土、棕壤、褐土、潮土、砂姜黑土、山地草甸土、沼泽土、盐碱土、水稻土、红黏土、新积土、风沙土、火山灰土、紫色土、石质土、粗骨土。

3. 选育方式及系谱:选育方式包括选择育种(含种源选择、林分选择、优树选择、无性系选择)、引种驯化、杂交育种、多倍体育种、辐射育种、分子育种等。系谱也称家系,是指同一植株(或无性系)的自由授粉子代,或双亲控制授粉生产的子代总和。

4. 综合评价:

用材树种主要是木材产量和质量性状及适应性、抗病虫害性的表现。

生态树种主要是适应性、抗逆性及生长、改良土壤等性状的表现。

绿化观赏树种侧重于观赏性状、抗污染性、抗逆性及生长性状的表现。

经济林树种主要是果实经济性状:平均单果重、单株产量和推算出的单位面积产量、果实品质、成分含量、储藏性能、加工性能等。

5. 调查日期:采用年月日格式,如20160405。

表6 重点保护和珍稀濒危树种调查表

调查单位:　　　　　　　　　　　　　　　　　　　　　　　　　　编号:

调查地点	县	乡(镇)	村	样地编号	
小地名				照片编号	
树木名称	中文名			科名	
	拉丁名			属名	
GPS 定位	E:	N:		树龄	
种群数量(株)	①1~10;②11~50;③51~100;④101~1 000;⑤>1 000				
分布方式	①集中分布;②片状分布;③散生;④零星分布;⑤单株分布				
生长环境	①平地;②沟谷;③阴坡;④阳坡;⑤山脊;⑥沟(塘、湖)边;⑦路旁				
伴生植物	乔木:				
	灌木:				
	草本:				
生长性状	最大株:树高　　　m;枝下高　　　m;胸径　　　cm; 冠 幅:东西　　　m;南北　　　m				
	平均树高　　m;平均枝下高　　m;平均胸径　　　cm				
	生长势:①旺盛;②一般;③较差;④濒死				
立地条件	海拔　　m;坡向:　　;坡度:　　度;坡位:　　部				
	土壤类型:　　　　土壤厚度:　　　cm;				
	肥力状况:①肥沃;②中等;③贫瘠				
花果期	花期:　　　　种子(果实)成熟期:				
病虫害情况	①有(严重,轻度,主要种类:　　　　　　);②无				
自然更新	①好;②中;③差;④无		人为活动	①频繁;②不频繁	
受威胁状况	①严重;②一般;③未受威胁;④其他				
可利用状况	①材用;②防护;③观赏;④药用;⑤果用;⑥其他				

调查人:_____　调查日期:_____　审核人:_____

表6填写说明

1. 调查单位:填写调查队(组)的名称或调查人员,如××县林木种质资源调查1组。

2. 编号:外业调查阶段由各调查单位自行编号,汇总后由技术组统一编号,或由系统生成资源编号。

3. 调查地点:县、乡(镇)、村,填写县级行政区域的全称。

4. 小地名:填写调查的具体地点,如×××林场等。

5. 样地编号:由调查人员根据情况统一编号。

6. 照片编号:填写调查树种的对应照片编号。

7. 树木名称中文名:植物分类学上的中文种名。统一选用《中国植物志》及其所采用的恩格勒分类系统的种名(下同)。示例:油松。

8. 树木名称拉丁名:树种在植物分类学上的拉丁名。示例:*Pinus tabuliformis*,外业阶段可不填。

9. 科名:树种在植物分类学上的中文科名。示例:松科。

10. 属名:树种在植物分类学上的中文属名。示例:松属。

11. GPS定位:经纬度按照度数记载,保留4位小数,如N36.2522°。

12. 树龄:根据文献、史料、走访等方式确定该树种的年龄。

13. 种群数量(株):估测种群数量,在相应数字上打"√"。

14. 分布方式:在相应数字上打"√"。

15. 生长环境:在相应数字上打"√"。

16. 伴生植物:分别按伴生乔木、灌木、草本填写。每个类型植物填写不超过5种。

17. 生长性状:实测最大株的树高、枝下高、胸径和冠幅。实测种群内多株树木,计算平均树高、平均枝下高和平均胸径。生长势根据种群内多数植株的生长情况确定其生长势等级,分旺盛、一般、较差、濒死等级,在相应数字上打"√"。

18. 立地条件:现场测定海拔、坡向、坡度、坡位;确定土壤类型、土壤厚度、肥力状况。肥力状况在相应数字上打"√"。

19. 花果期:分为花期和种子(果实)成熟期,采用年月日格式,例如20160405。

20. 病虫害情况:现场观测树种病虫害情况,分为"有"和"无"两项。如果有病虫害发生,在相应括号内打"√",并填写病虫害主要种类。

21. 自然更新:观测种群下方及周围幼苗、幼树有无和生长情况。在相应数字上打"√"。

22. 人为活动:观测人为活动情况和对重点保护和珍稀濒危树种的影响情况。在相应数字上打"√"。

23. 受威胁状况:现场观测人为、动物、环境等因素对重点保护和珍稀濒危树种的威胁情况。

24. 可利用状况:分析调查树种潜在的利用价值。在相应数字上打"√"。其他项须填写除前5项之外的具体潜在利用价值。

25. 调查人:填写调查填表人员的姓名。

26. 调查日期:采用年月日格式,例如20160405。

27. 审核人:填写审核人员的姓名。

表7 古树名木调查表

调查单位：   编号：

县		乡(镇)		村		小地名	
调查者		填表人				调查日期	
种(变种)中文名		属中文名				科中文名	
种(变种)拉丁名		属拉丁名				科拉丁名	
资源类别	○古树　　○名木						
GPS定位	E:		N:			海拔(m)	
坡向		坡位				坡度	
树高(m)		胸径(cm)				冠幅(m)	
传说年龄(年)		估测年龄(年)				实际年龄(年)	
生长势	○旺盛○一般○较差○濒死○死亡			频度		○多　○中　○少	
古树名木重要特征描述							
古树历史传说或名木来历							
保护措施	○挂牌保护 ○未挂牌保护	是否落实专人管护		○是　○否		原挂牌编号	
管护单位或个人							
存在问题							
建议							
照片编号		拍摄者				拍摄日期	
备注							

审核人：_____

表7 填写说明

1. 编号：外业调查阶段由各调查单位自行编号，汇总后由技术组统一编号，或由系统生成资源编号。

2. 县、乡(镇)、村：填写县级行政区域的全称。

3. 小地名：填写调查的具体地点，如×××林场等。

4. 调查者:填写调查队(组)的名称或调查人员,如××县林木种质资源调查 1 组。

5. 填表人:填写调查填表人员的姓名。

6. 调查日期:采用年月日格式,例如 20160405。

7. 种(变种)中文名:植物分类学上的中文种名。统一选用《中国植物志》及其所采用的恩格勒分类系统的种名(下同)。示例:油松。

8. 种(变种)拉丁名:树种在植物分类学上的拉丁名。示例:*Pinus tabuliformis*,外业阶段可不填。

9. 属中文名:树种在植物分类学上的中文属名。示例:松属。

10. 属拉丁名:树种在植物分类学上的拉丁文属名。示例:*Pinus*,外业阶段可不填。

11. 科中文名:树种在植物分类学上的中文科名。示例:松科。

12. 科拉丁名:树种在植物分类学上的拉丁文科名。示例:Pinaceae,外业阶段可不填。

13. 资源类别:分为古树、名木两种类型,打"√"表示。

14. GPS 定位:按照度数记载,保留 5 位小数,统一坐标系统为西安 80。

15. 海拔:古树、名木、优良单株所在地的海拔高度,单位为 m。

16. 坡向:分为东、西、南、北、东南、东北、西南、西北、无。

17. 坡位:分为脊部、上坡、中坡、下坡、山谷、平地。

18. 坡度:可采用测高仪实测,单位为"°"。

19. 树高:用测高仪实测,精确至 1 m。

20. 胸径:乔木量胸径、灌木、藤本量地径,单位为 cm,精确到整数。

21. 冠幅:按东西、南北两个垂直方向测量树冠垂直投影的宽度,然后取平均值,单位为 m,精确到整数。

22. 传说年龄:有传说,无据可依的作"传说年龄"。

23. 估测年龄:估测前要认真走访,根据不同树种的年平均生长量估计。有传说年龄的,可同时填写估测年龄。

24. 实际年龄:凡是有文献、史料及传说有据的可视作"实际年龄"。

25. 生长势:根据树木的生长情况确定其生长势等级,分旺盛、一般、较差、濒死、死亡等五级,打"√"表示。死亡古树不进行全县统一编号,但要填写调查编号。

26. 频度:根据当地资源量选填多、中、少。

27. 古树名木重要特征描述:包括特异性状、特殊性状描述,如树体连生、基部分杈、雷击断梢、干腐、根腐等,如有严重病虫害,简要描述种类及发病状况。

28. 古树历史传说或名木来历:简明记载群众中或历史上流传的对该树的各种神奇故事,以及与其有关的名人轶事和特异性状的传说等。字数多的可以记在该树卡片的背后,字数在 300 字以内。

29. 保护措施:分挂牌保护、未挂牌保护,打"√"表示。

30. 是否落实专人管护:打"√"表示。

31. 原挂牌编号:填写古树、名木、优良单位的原始编号。

32. 管护单位或个人:根据调查情况,如实填写具体负责管护古树名木的单位或个人。无单位或个人管护的,要说明。

33. 存在问题:提出主要针对该树保护中存在的主要问题,包括周围环境不利因素。

34. 建议:简要提出今后保护对策建议。

35. 照片编号:填写资源对应的照片编号,外业调查填写相机存储的临时编号,内业及时整理。

36. 拍摄者:照片的拍摄人员。

37. 拍摄日期:照片的拍摄日期,采用年月日格式,如 20160405。

38. 备注:填写其他需要说明的事项。

表8　古树群调查表

调查单位：　　　　　　　　　　　　　　　　　　　　　　　　　　　　编号：

地点	县　　　　乡(镇)　　　　村		小地名	
GPS定位	E:　　　　　　N:		海拔(m)	
坡向		坡位	坡度	
古树群古树株数		古树群面积 (hm²)	所属单位性质	○村镇 ○单位庭院 ○个人庭院 ○寺庙 ○其他
树种1:种(变种) 中文名		树种1: 属中文名	树种1: 科中文名	
树种1:种(变种) 拉丁名		树种1: 属拉丁名	树种1: 科拉丁名	
树种2:种(变种) 中文名		树种2: 属中文名	树种2: 科中文名	
树种2:种(变种) 拉丁名		树种2: 属拉丁名	树种2: 科拉丁名	
其他树种				
平均树高(m)		平均胸径(cm)	平均冠幅(m)	
平均年龄(年)		生长势	○旺盛　○一般　○较差　○濒死　○死亡	
古树群重要 特征描述				
古树群历史 传说或来历				
管护单位 或个人				
存在问题				
建议				
照片编号		拍摄者	拍摄日期	
备注				

调查人：　　　　　　填表人：　　　　　　调查日期：　　　　　　审核人：　　　　　　

表8填写说明

1. 编号:外业调查阶段由各调查单位自行编号,汇总后由技术组统一编号,或由系统生成资源编号。

2. 县、乡(镇)、村:填写行政区域的全称。

3. 小地名:填写调查的具体地点,如×××林场等。

4. 调查者:填写调查队(组)的名称或调查人员,如××县林木种质资源调查1组。

5. 填表人:填写调查填表人员的姓名。

6. 调查日期:采用年月日格式,例如 20160405。

7. GPS 定位:按照度数记载,保留 4 位小数,如 N36.2522°。

8. 海拔:古树群所在地的海拔,单位为 m。

9. 坡向:分为东、西、南、北、东南、东北、西南、西北、无。

10. 坡位:分为脊部、上坡、中坡、下坡、山谷、平地。

11. 坡度:可采用测高仪实测,单位为"°"。

12. 古树群古树株数:该群古树的株数。

13. 古树群面积:该群古树占地面积。

14. 所属单位性质:该树群单位所在地或权属单位的性质,选择村镇、单位庭院、个人庭院、寺庙、其他填写。

15. 树种 1:种(变种)中文名:该群古树数量最多的树种在植物分类学上的中文种名。统一选用《中国植物志》及其所采用的恩格勒分类系统的种名(下同)。示例:油松。

16. 树种 1:种(变种)拉丁名:该群古树数量最多的树种在植物分类学上的拉丁名。示例:*Pinus tabuliformis*,外业阶段可不填。

17. 树种 1:属中文名:该群古树数量最多的树种在植物分类学上的中文属名。示例:松属。

18. 树种 1:属拉丁名:该群古树数量最多的树种在植物分类学上的拉丁文属名。示例:*Pinus*,外业阶段可不填。

19. 树种 1:科中文名:该群古树数量最多的树种在植物分类学上的中文科名。示例:松科。

20. 树种 1:科拉丁名:该群古树数量最多的树种在植物分类学上的拉丁文科名。示例:Pinaceae,外业阶段可不填。

21. 树种 2:种(变种)中文名:该群古树数量第二位的树种在植物分类学上的中文种名。统一选用《中国植物志》及其所采用的恩格勒分类系统的种名(下同)。示例:油松。

22. 树种 2:种(变种)拉丁名:该群古树数量第二位的树种在植物分类学上的拉丁名。示例:*Pinus tabuliformis*,外业阶段可不填。

23. 树种 2:属中文名:该群古树数量第二位的树种在植物分类学上的中文属名。示例:松属。

24. 树种 2:属拉丁名:该群古树数量第二位的树种在植物分类学上的拉丁文属名。示例:*Pinus*,外业阶段可不填。

25. 树种 2:科中文名:该群古树数量第二位的树种在植物分类学上的中文科名。示例:松科。

26. 树种 2:科拉丁名:该群古树数量第二位的树种在植物分类学上的拉丁文科名。示例:Pinaceae,外业阶段可不填。

27. 其他树种:该群古树其他树种的中文名及拉丁名。

28. 平均树高:实测或估测该群古树的平均树高,精确至 1 m。

29. 平均胸径:实测该群古树的平均胸径,单位为 cm,精确到整数。

30. 平均冠幅:按东西、南北两个垂直方向测量树冠垂直投影的宽度,然后取平均值,单位为"m",精确到整数。

31. 平均年龄:根据文献、史料、走访、实测等方式确定该古树群的平均年龄。

32. 生长势:根据树木的生长情况确定其生长势等级,分旺盛、一般、较差、濒死、死亡等五级,打"√"表示。死亡古树不进行全县统一编号,但要填写调查编号。

33. 古树群重要特征描述:包括奇特、怪异性状,特殊性状的描述,如树体连生、基部分杈、雷击断梢、干腐、根腐等,如有严重病虫害,简要描述种类及发病状况。

34. 古树群历史传说或来历:简明记载群众中或历史上流传的对该古树群的各种传说故事,以及与其有关的名人轶事和特异性状的传说等。字数多的可以记在该古树群卡片的背后,字数在 300 字以内。

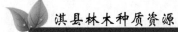

35. 管护单位或个人:根据调查情况,如实填写具体负责管护古树群的单位或个人。无单位或个人管护的,要说明。

36. 存在问题:提出主要针对该古树群保护中存在的主要问题,包括周围环境不利因素。

37. 建议:简要提出今后的保护对策和建议。

38. 照片编号:填写资源对应的照片编号,外业调查填写相机存储的临时编号,内业及时整理。

39. 拍摄者:照片的拍摄人员。

40. 拍摄日期:照片的拍摄日期,采用年月日格式,如 20160405。

41. 备注:填写其他需要说明的事项。

表9 新引进树种(品种)调查表

市　　　　　县(市、区)　调查单位:　　　　　　　编号:

中文名				拉丁名			
科		属		种(品种)		照片编号	
引种来源地					引种单位		
引种材料种类					引进时间		
现栽培地点条件	地理位置	海拔　　　　m;坡向　　　　　　;坡度					
	气候	年均温　　℃;年均降水量　　　mm;年均蒸发量　　　mm;无霜期　　　天					
	土壤	土壤类型:　　　　　　厚度　　　　cm; pH 值　　　;肥力:①肥沃　②中等　③贫瘠					
引种驯化方式					树龄(年)		
主要试验地区							
试验面积(亩)					鉴定(验收)时间		
提供品种单位							
生长性状	平均树高　　　m;平均枝下高　　　m;平均胸径　　　cm						
	冠幅:东西　　　m;南北　　　m						
生长状况	生长势:①旺盛②一般③较差④濒死						
	开花(结实)状况:①多;②正常;③很少;④无;⑤其他						
果实状况	形状:　　　　颜色:　　　　品质:						
观赏价值	①观果;②观叶;③观花;④其他						
适应性评价	抗寒性:①强　②中　③弱; 抗旱性:①强　②中　③弱; 抗病性:①强　②中　③弱; 抗虫性:①强　②中　③弱; 抗盐碱性:①强　②中　③弱						
繁殖方法	①种子繁殖;②扦插;③嫁接;④组培;⑤其他						
突出优点							
存在问题							
用途							

调查人:_____　调查日期:_____　审核人:_____

表9填写说明

1. 本表用于新引进、引种驯化试验基本结束或已经通过技术鉴定、尚未审定和推广的树种品种。

2. 编号:以市(2位)+县(2位)+小组(2位)+顺序号(4位)共10位数组成。

3. 土壤类型:按土类填写,如黄棕壤、黄褐土、棕壤、褐土、潮土、砂姜黑土、山地草甸土、沼泽土、盐碱土、水稻土、红黏土、新积土、风沙土、火山灰土、紫色土、石质土、粗骨土。

4. 用途:材用、生态、观赏、化工原料、药用、食用等。

5. 引进时间、调查日期:均采用年月日格式,如20160405。

表10 新选育品种调查表

市　　　　县(市、区)　　　调查单位:　　　　　　编号:

中文名				拉丁名		
科		属		种(品种)	照片编号	
选育单位						
亲本来源						
现栽培地点条件	地理位置	海拔　　　　m;坡向　　　　;坡度				
	气候	年均温　　℃;年均降水量　　　mm;年均蒸发量　　　mm;无霜期　　天				
	土壤	土壤类型:　　　　　　厚度　　　cm;pH值　　　;肥力:①肥沃 ②中等 ③贫瘠				
选育方式			树龄			
主要试验地区						
试验面积(亩)			鉴定(验收)时间			
提供品种单位						
生长性状	平均树高　　　m;平均枝下高　　　m;平均胸径　　　cm					
	冠幅:东西　　　m;南北　　　m					
生长状况	生长势:①旺盛;②一般;③较差;④濒死					
	开花(结实)状况:①多;②正常;③很少;④无;⑤其他					
果实状况	形状:　　　　颜色:　　　　品质:					
观赏价值	①观果;②观叶;③观花;④其他					
适应性评价	抗寒性:①强 ②中 ③弱;抗旱性:①强 ②中 ③弱;抗病性:①强 ②中 ③弱;抗虫性:①强 ②中 ③弱;抗盐碱性:①强 ②中 ③弱					
繁殖方法	①种子繁殖;②扦插;③嫁接;④组培;⑤其他					
突出优点						
存在问题						
用途						

调查人:_____　调查日期:_____　审核人:_____

表10填写说明

1. 本表用于新选育、试验阶段基本结束或已经通过技术鉴定,尚未审定和推广的树种品种。

2. 编号:以市(2位)+县(2位)+小组(2位)+顺序号(4位)共10位数组成。

3. 土壤类型:按土类填写,如黄棕壤、黄褐土、棕壤、褐土、潮土、砂姜黑土、山地草甸土、沼泽土、盐碱土、水稻土、红黏土、新积土、风沙土、火山灰土、紫色土、石质土、粗骨土。

4. 用途:材用、生态、观赏、化工原料、药用、食用等。

5. 鉴定(验收)时间、调查日期:均采用年月日格式,如20160405。

表11 收集保存林木种质资源调查表

市   县(市、区)   调查单位: 编号:

种质名称		种中文名		种拉丁名		
属中文名		属拉丁名		科中文名		科拉丁名
树种类别	□国家Ⅰ级重点保护植物　□国家Ⅱ级重点保护植物　□省级重点保护植物 □我国特有树种　□国外引进树种　□其他树种					
生活型	○乔木　○灌木　○竹类 ○藤本　○其他	常绿性		○常绿　○落叶　○半常绿		
保存方式	○原地保存　○异地保存 ○设施保存　○未保存	保存 场所		○种子园　○采穗圃　○母树林　○采种林 ○试验林　○植物园　○树木园 ○保存林(圃)　○种子库　○其他		
资源类型	□群体(种源、林分)　□家系　□个体(优树、无性系) □地方品种　□选育品种　□育种材料　□其他					
主要特性	□高产　□优质　□抗病　□抗虫　□抗逆　□高效　□其他					
主要用途	□材用　□食用　□药用　□防护　□观赏　□其他					
生长习性			开花结实特性			
具体用途			观测地点			
特征特性						
更新方式	□有性繁殖(种子繁殖、胎生繁殖)　□无性繁殖(根繁、分蘖繁殖等)					
保存地海拔(m)		保存地GPS	E:　　　　　　N:			
保存地年均温度(℃)		保存地年均降水量(mm)			土壤类型	
土壤质地		pH值		结实和产穗情况		
所属单位			种植日期		面积或库容	
繁殖材料	○植株　○种子　○营养器官(穗条、块根、根穗、根鞭等) ○花粉　○培养物(组培材料)　○其他					
图像编号						

调查人:_____　调查日期:_____　审核人:_____

表 11 填写说明

1. 种质名称:每份林木种质资源的中文名称。示例:杉木融水种源、毛白杨 001 无性系、金枝槐等。

2. 种中文名:种质资源在植物分类学上的中文种名或亚种名。统一选用《中国树木志》及其所采用的郑万钧分类系统和哈钦松分类系统的种名(下同)。示例:油松。

3. 种拉丁名:种质资源在植物分类学上的拉丁文种名。示例:*Pinus tabuliformis*,外业阶段可不填。

4. 属中文名:种质资源在植物分类学上的中文属名。示例:松属。

5. 属拉丁名:种质资源在植物分类学上的拉丁文属名。示例:*Pinus*,外业阶段可不填。

6. 科中文名:种质资源在植物分类学上的中文科名。示例:松科。

7. 科拉丁名:种质资源在植物分类学上的拉丁文科名。示例:Pinaceae,外业阶段可不填。

8. 树种类别:根据树种属性选填,打"√"表示,可多选。

9. 生活型:选择乔木、灌木、竹类、藤木、其他填写,打"√",单选。

10. 常绿性:选择常绿、落叶、半常绿填写,打"√",单选。

11. 保存方式:林木种质资源保存的方式,包括原地保存、异地保存、设施保存和未保存等。根据其具体方式选择一种,打"√"。

12. 保存场所:收集保存的林木种质资源根据保存场所选填,其他类资源不填。打"√"表示,单选。

13. 资源类型:分为群体(种源、林分)、家系、个体(优树、无性系)、地方品种、选育品种(指经过审定或认定的良种,新品种)、育种材料(指未经审定的可作为育种原始材料使用和储备的种质资源,包括优良林分、优树、半同胞家系、全同胞家系、杂交后代、无性系等)、其他,按实际情况选填,打"√",可多选。

14. 主要特性:选择高产、优质、抗病、抗虫、抗逆、高效、其他填写,打"√",可多选。

15. 主要用途:选择材用、食用、药用、防护、观赏、其他填写,打"√",可多选。

16. 生长习性:描述林木在长期自然选择中表现的生长、适应或喜好。如落叶乔木,直立生长,喜光、耐盐碱、喜水肥、耐干旱等。

17. 开花结实特性:林木种质资源开花和结实周期,如 11~13 年始花期,结实大小年周期 2~3 年等。

18. 具体用途:林木种质资源的具体用途和价值。如生态防护树种,纸浆材,种子可榨取工业用油,园林绿化等。

19. 观测地点:林木种质资源形态、特征特性观测的地点。

20. 特征特性:林木种质资源可识别或独特性的形态、特性,如叶截形、树体塔形、结实量大等。

21. 更新方式:包括有性繁殖(种子繁殖、胎生繁殖)、无性繁殖(根繁、分蘖繁殖等),可多选。

22. 保存地海拔:林木种质资源保存地的海拔,单位为 m。

23. 保存地 GPS:按照度数记载,保留 4 位小数,如 N36. 2522°。

24. 保存地年均温度:林木种质资源保存地的年平均温度,通常用当地最近气象台站的近 30~50 年的年均温度(℃)。

25. 保存地年均降水量:林木种质资源保存地的年均降水量,通常用最近气象台站的近 30~50 年的年均降水量。

26. 土壤类型:按土类填写,如黄棕壤、黄褐土、棕壤、褐土、潮土、砂姜黑土、山地草甸土、沼泽土、盐碱土、水稻土、红黏土、新积土、风沙土、火山灰土、紫色土、石质土、粗骨土。

27. 土壤质地:轻壤土、中壤土、沙土、黏土、重壤土。

28. pH 值:pH 值或 pH 值区间。pH 值区间用 pH a. 0 ~pH b. 0 表示。

29. 结实和产穗情况:填写种子园、采种林的结实情况,采穗圃资源的产穗情况,其他可不填。

30. 所属单位:林木种质资源的所有权单位名称。

31. 种植日期:种植林木种质资源的日期,采用年月日格式,如 20160405。

32. 面积或库容:种子库填写库容(m³),其他均填写面积(m²)。

33. 繁殖材料:林木种质资源的繁殖材料类型。包括:①植株;②种子;③营养器官(穗条、块根、根穗、根鞭等);④花粉;⑤培养物(组培材料);⑥其他。根据其具体类型选择,打"√",单选。

34. 图像编号:该份资源对应图片的文件名。

35. 调查日期:采用年月日格式,如 20160405。

表 12 凭证标本采集记录表

编号:

县	乡(镇)		村	采集地点	
采集日期		采集人		采集份数	
GPS 定位	E:		N:	海拔(m)	
坡向		坡度		坡位	
生活型	○乔木　○灌木　○竹类　○藤本　○其他			照片原始编号	
树高(m)		胸径(cm)	.	冠幅(m)	树龄(年)
花			果		
叶(枝)			芽		
其他说明					
暂定植物名称					
鉴定结果					
科名		属名		种名	
学名					

表 12 填写说明

1. 编号:外业调查阶段由各调查单位自行编号,汇总后由技术组负责统一编号。

2. 县、乡(镇)、村:填写县级行政区域的全称。

3. 采集地点:填写采集的具体地点,如×××乡×××村,×××林场等。

4. 采集日期:采用年月日格式,例如 20160405。

5. 采集人:填写采集填表人员的姓名。

6. 采集份数:按同号标本采集的实际份数填写。

7. GPS 定位:按照度数记载,保留 4 位小数,如 N36. 2522°。

8. 海拔:林木种质资源原产地的海拔,单位为 m。

9. 坡向:分为东、西、南、北、东南、东北、西南、西北、无。

10. 坡度:可采用测高仪实测,单位为“°”。

11. 坡位:分为脊部、上坡、中坡、下坡、山谷、平地。

12. 生活型:分为乔木、灌木、竹类、藤本、其他 5 类,选填。

13. 照片原始编号:每张照片都按照相同的规则编号。

14. 树高:用测高仪(或激光测距测高仪)实测,精确至 0.1 m。

15. 胸径:使用皮尺测量,乔木量胸径,灌木、藤本量地径,单位为 cm,精确到整数。

16. 冠幅:使用皮尺分东西、南北两个方向量测,以树冠垂直投影确定冠幅宽度,然后计算两个方向宽度的算数平均数,单位为 m,精确到小数点后 1 位。

17. 树龄:估测树木的生长年龄。

18. 花:描述观测到的花的形态特征。

19. 果:描述观测到的果的形态特征。

20. 叶(枝):描述观测到的叶(枝)的形态特征。

21. 芽:描述观测到的芽的形态特征。

22. 其他说明:记录有利于鉴定植物的其他特征,如特殊的气味、汁液等。

23. 暂定植物名称:调查者初步判定的植物名称。

24. 科名:种质资源在植物分类学上的中文科名。

25. 属名:种质资源在植物分类学上的中文属名。

26. 种名:种质资源在植物分类学上的中文种名或亚种名。

27. 学名:该树种的拉丁名,包括属名和种名,如毛白杨的拉丁名 *Populus tomentosa*。

附录 A(资料性附录)

环境因子分类标准

1. 地形因子

1.1 地貌　按大地形确定所在的地貌,分为中山、低山、丘陵、平原几大类。

(1)中山:海拔为 1 000~3 499 m 的山地。

(2)低山:海拔 <1 000 m 的山地。

(3)丘陵:没有明显的脉络,坡度较缓和,且相对高差小于 100 m。

(4)平原:平坦开阔,起伏很小。

1.2 坡向　地面朝向,分为 9 个坡向。

(1)北坡:方位角 338°~360°,0°~22°;

(2)东北坡:方位角 23°~ 67°;

(3)东坡:方位角 68°~112°;

(4)东南坡:方位角 113°~157°;

(5)南坡:方位角 158°~202°;

(6)西南坡:方位角 203°~247°;

(7)西坡:方位角 248°~292°;

(8)西北坡:方位角 293°~337°;

(9)无坡向:坡度<5°的地段。

1.3 坡位　分脊、上、中、下、谷、平地 6 个坡位。

(1)脊部:山脉的分水线及其两侧各下降垂直高度 15 m 的范围。

(2)上坡:从脊部以下至山谷范围内的山坡三等分后的最上等分部位。

(3)中坡:三等分的中坡位。

(4)下坡:三等分的下坡位。

(5)山谷(或山洼):汇水线两侧的谷地,若在其他部位中出现的局部山洼,也应按山谷记载。

(6)平地:处在平原和台地上的部位。

1.4 坡度　Ⅰ级为平坡<5°;Ⅱ级为缓坡 5°~14°;Ⅲ级为斜坡 15°~24°;Ⅳ级为陡坡 25°~34°;Ⅴ级为急坡 35°~44°;Ⅵ级为险坡 45°以上。

2. 土壤类型

根据《河南土壤》(中国农业出版社)和《河南省森林资源规划设计调查技术操作细则》,河南省土壤类型分为 7 个土纲、17 个土类。附表中只调查记载土类。河南省土壤类型及分布如下:

(1)黄棕壤:主要分布在伏牛山南坡与大别山、桐柏山海拔 1 300 m 以下的山地。

(2)黄褐土:主要分布在沙河干流以南,伏牛山、桐柏山、大别山海拔 500 m 以下的低丘、缓岗及阶地上。

(3)棕壤:主要分布在豫西北部的太行山区与豫西伏牛山区 800~1 000 m 以上的中

山,以及豫南大别山、桐柏山地 1 000 m 以上。从垂直带谱看,伏牛山北部和太行山下部与褐土相连,伏牛山南部和大别山、桐柏山下部与黄棕壤相连,其上部往往与山地草甸土相接。

(4)褐土:主要分布在伏牛山主脉与沙河、汾泉河一线以北,京广线以西的广大地区。

(5)潮土:主要分布在河南省东部黄、淮、海冲积平原,西以京广线为界与褐土相连,另外淮河干流以南,唐、白河,伊、洛河,沁、蟒河诸河流沿岸及沙、颍河上游多呈带状小面积分布。

(6)砂姜黑土:主要分布在伏牛山、桐柏山的东部,大别山北部的淮北平原的低洼地区及南阳盆地中南部。

(7)山地草甸土:多分布在 1 500~2 500 m 的中山平缓山顶,位于棕壤之上。

(8)沼泽土:主要分布在太行山东侧山前交接洼地的蝶形洼地中。

(9)盐碱土:盐碱土与盐土、碱土插花分布,主要分布在豫东、豫东北黄河、卫河沿岸冲积平原上的二坡地和一些槽形、蝶形洼地的老盐碱地上。

(10)水稻土:集中分布在淮南地区,豫西伏牛山区及豫北太行山区较大河流沿岸、峡谷、盆地及山前交接洼地,凡有水资源可灌溉者均有水稻土分布,但较零星。

(11)红黏土:主要分布在京广线以西。

(12)新积土:主要分布在河流两侧的新滩地上,经常被河流涨水时所淹没,新积土在任何气候下均可出现,故河南省各地均有分布。

(13)风沙土:主要分布在黄河历代变迁的故道滩地,由主流携带的沙质沉积物再经风力搬运而形成,在豫北、豫东黄河故道均有分布。

(14)火山灰土:主要分布在豫西熊耳山与外方山的余脉和太行山东侧余脉低山丘陵地区。

(15)紫色土:集中分布在伏牛山南侧的低山丘陵,呈狭长的带状。

(16)石质土:在大别山、桐柏山、伏牛山等地区,可见到的无植被防护或生长稀疏植被的薄层山丘土壤。石质土多分布于母质坚实度大、山坡陡峻的花岗岩、板岩、硅质砂岩、石灰岩地区。

(17)粗骨土:在大别山、桐柏山、伏牛山等地区,可见到的无植被防护或生长稀疏植被的薄层山丘土壤。粗骨土多分布于坡度稍缓、母质松软易碎、硬度较小的页岩、千枚岩地区,表层以岩石碎片为主。

附录 B(资料性附录)

优良林分标准及选择方法

1. 优良林分定义

在同等立地下,与其他同龄林分相比,在速生、优质、抗性等方面居于前列,通过自然稀疏或疏伐,优良木可占绝对优势,能完全排除劣等木和大部分中等木的林分。

本定义中,林分是指内部结构特征基本相同,而与周围森林有明显区别的一片森林区段。优良木是指在林分内生长健壮、干形良好、结实正常,在同龄的林木中树高直径明显大于林分平均值的树木;劣等木是指在林分内生长不良、品质低劣、感染病虫害较重,在同龄的林木中树高直径明显小于林分平均值的树木;在林分中介于优良木和劣等木之间的树木为中等木。

2. 优良林分标准

(1)林分标准。

1)处于结实盛期或进入结实期的林分。

2)同龄林或相差 2 个龄级以内的异龄林(生长慢、寿命长的树种 20 年一个龄级,如云杉、冷杉、红松、樟、栎等;生长和寿命中庸的树种 10 年一个龄级,如桦木、槭树、油松、马尾松和落叶松等;速生树种和无性更新的软阔叶树种 5 年一个龄级,如杨、柳、杉木、桉树等)。

3)没有经过人为破坏或未进行上层疏伐的林分。

4)林木生长整齐,生长量及其他经济性状明显优良。

5)密度适宜,郁闭度不低于 0.6。

6)林分中优良母树株数占 20%以上。

7)无病虫害感染;

8)林分为实生起源的天然林或种源清楚的人工林。

(2)地点条件。

1)该树种的优良种源区或适宜种源区。

2)该树种集中分布区或原定采种区,气候生态和土壤条件与用种区相同或相近。

3)地形较平缓、背阴向阳,有利于树木结实和采种。

4)交通方便、面积相对集中。主要造林树种面积在 2 hm² 以上,其他优良针、阔叶林面积在 0.5 hm² 以上,便于管理、保护和今后的种实采集。

5)原则上在国有林场(所、圃)和基础较好的集体林场内选择。

3. 优良林分选择

(1)确定典型调查林分。

根据本次普查操作规程及相关标准,充分利用现有资料(森林资源调查、规划设计等图片资料)进行座谈走访深入实地调查,对在林分中组成占二成以上的树种进行普查登记,其中组成占五成以上的树种视为该树种在该区域为集中分布。在普查登记、调查走访或进行线路踏查的基础上,根据优良林分标准进行选择,记录其位置、范围、面积,作为优良林分的候选林分。

(2)典型林分调查。

在候选林分中有代表性的地段内设置实测样方进行典型林分各项因子调查。样方形状为正方形,面积为 400 m²。设置数量依据操作规程要求确定。样方要进行每木调查,实测胸径,目测树干通直圆满度、树皮厚度、冠形宽窄完整情况、侧枝粗细和健康状况;对样方内的标准木实测树高、枝下高、冠幅等因子,一般不少于 20 株。同时调查林分面积、地形、树种起源、林龄级、郁闭度等,数据填入调查表。

在与候选林分立地条件相似,树种、林龄与候选林分相同,株行距、经营措施与候选林分相近的林分中,选取典型地段设置对照样方,按上项要求测定平均胸径、树高。填写调查表,并在调查表右上角注明"×号样方 ck"字样。对照林分也可以利用现有调查资料。

（3）母树评级。

样方调查结束进行母树评级。母树是生长旺盛、发育良好、树干通直、结实丰富、未感染病虫害并且专供采种的树木。在同龄林中树高大于林分平均值5%以上,胸径大于林分平均值10%以上。

针叶树母树应具备以下条件:

1）生长迅速、体形高大,单株材积大于同龄、同地位级林分平均单株材积的15%以上;

2）树干通直圆满,木材纹理通直;

3）冠幅较窄,冠型匀整,侧枝较细;

4）无病虫害,无机械损伤,无大的死节和枯枝;

5）能正常结实。

（4）确定优良林分。

1）将候选林分与对照样方进行比较,凡平均胸径大于10%以上,平均树高大于5%以上者,可确定为该树种的优良林分;或者两样方林木生长量相近,但具有某种优良性状的也可划为优良林分。

2）Ⅰ级母树占林分目的树种总株数20%以上,Ⅱ级母树占70%以上,经改造后Ⅰ级母树占保留母树的70%以上,幼林经改造后基本上为Ⅰ级母树的候选林分确定为优良林分。

3）在天然林中,可以通过对林分郁闭度、根系、腐殖质厚度等因子的观测,选择林木与下层植物生存比较稳定、生态环境相对平衡的林分,确定为优质生态林分。

（5）精度要求。

林分起源清楚,种源清楚,测定数据正确,描述恰当,利用等级确定合理。

4. 确定优良林分应注意的事项

（1）无性起源的林分不进行优良林分调查。

（2）林分内个别单株优良性状显著的可进行优良单株或优良类型调查。但属于通过人为营林措施的改善而生长优良的林分一般不宜选择为优良林分。

（3）在踏查或调查中发现有价值的珍稀濒危树种集中分布达到 0.1 hm² 的小面积林分,可随时设置样方进行调查,记载立地因子,每木调查胸径、树高、枝下高,计算每公顷株数,估计结实量,折算总株数和总结实量。

（4）在以阔叶树为主的混交林内设置样方时,样方内目的树种应不少于 30 株。

（5）优良林分的选择,还可请熟悉情况的老护林员和老职工拟定一条贯穿全林的踏查路线,对调查因子进行目测,或者通过条状机械抽样检尺的办法进行调查;对生长量大、树干通直、形质优异的林分可设置样方,在一般林分设对照样方进行调查;也可利用现已有的全林分的平均值作为对照,在林龄、立地、疏密度、管理措施等因子基本相近的情况下,选择那些生长量大、形质优异的林分,作为优良林分进行调查。

（6）对连片林相整齐的优良林分,可以拍摄全景照片。

附录C(资料性附录)

优良单株选择常用方法

1. 优势木对比法

优势木对比法又称三株优势木对比法或五株优势木对比法,以候选优树为中心,在立地条件相对一致的 10~15 m 半径范围内(其中包括 30 株以上的树木),选出仅次于候选优树的 3~5 株优势木,实测候选优树和优势木的树高、胸径,并计算材积,求出优势木各项指标的平均值,与候选优树进行比较,若候选优树生长指标超过规定标准即可入选;否则,予以淘汰。该法一般在人工林或年龄结构较一致的天然林中使用,多用于林分内选优树。(填写附表1)

附表1　候选优树与对比树生长量对比记录表

项目		胸径 (cm)	树高 (m)	单株材积 (m³)	对比结果	
					优树>对比树	
优树					胸径	%
对比树	1				树高	%
	2				材积	%
	3				优树年平均生长量	
	4				胸径	cm
	5				树高	m
平均					材积	m³

2. 小样地法

以候选优树为中心的一定范围内(如 500 m²),规划包括 40~60 株林木的林地作为小样地,把候选优树与小样地内的林木按优树标准项目逐项观测评定,当候选优树达到样地林木平均值规定标准时定为优树。

3. 丰产树比较法

以候选优树为中心,在树龄、立地条件和抚育管理措施等一致条件下,在 10~15 m 半径范围内,选择 3 株仅次于候选优树的结果量多、品质好、无病虫害的对比树,测量其单株产量,若候选优树单株产量高于对比树单株平均产量 30% 以上的,可选为优树。此法主要应用于经济林树种选择优良单株、优良类型和优良品系。(填写附表2)

4. 行道树的选优

在防护林带和行道树中选优采用此法。以候选优树为中心,在其两侧各测 5~10 株树木的树高、胸径,计算平均值并与候选优树进行比较,达到标准的定为优树。

5. 散生木的选优

散生木因不易找对比树,选择时多以形质指标为主,同时考虑并比较其年生长量(测

附表2　候选优树及丰产树对比记录表

项目		树高（m）	胸/地径（cm）	冠幅（m）	目的产物产量（kg）	出籽率（%）	含油率（%）	平均单果鲜重（g）	病虫害情况	…
优树										
丰产树	1									
	2									
	3									
	平均									
结果比较：优树单株产量＞丰产树平均产量　　　　　　　　%。 　　　　　其他：										

量树高、胸径，并计算材积），确定是否入选。散生木候选优树应是实生起源、树龄10～30年生；还应注意其周围（半径10 m以内）的立地条件和栽培措施，不应有粪坑、猪圈、河流等特殊优越的土壤水肥环境，其土壤条件应具有一定的代表性。

6. 特异植株的选择

对于某些具有特异形状，其表现超出正常范围且稳定的树木，可以不受林分起源、分布状况等限制，只要有超常规的特殊表现均可选择。其选择目标有以下6点：

（1）抗病虫害。对成灾病虫、专食性害虫、专主寄生病具有明显抗性的单株。

（2）抗逆性强。在同种树种中特别抗盐碱、抗干旱、抗低温、耐瘠薄、耐水湿的单株，抗污染（工业废水、废气、粉尘等）能力特强的植株。

（3）生长性状特异植物。高或径生长特快的植株；大冠树种中树冠狭窄，平顶树种中的主干明显者；雌雄异株或同株树种中的相反花型株；无性繁殖困难树种中的易生根株；多籽树种中的无花或无籽株；芽、叶、枝条、花序、花型、花色、果型异常而稳定的植株；矮生、花蜜腺丰富、香味浓郁的植株。

（4）物候异常的植株。比同种树种发芽、开花、结实、落叶等物候期提前或推后明显，花期特长者。

（5）具有性状变异的植株或芽变。

（6）叶、花、果、木材、树皮、根皮、分泌物、内含物等有特殊利用价值的树木。

第三章　林木种质资源

第一节　资源概况

根据实地普查和统计,鹤壁市淇县木本植物 64 科 145 属 326 种(包括 30 个品种)。其中,裸子植物 3 科 7 属 10 种,被子植物 61 科 138 属 316 种。

经调查,淇县针叶树种以白皮松为主,全县范围内均有栽培,其中白皮松集中栽培区域主要位于南水北调两侧干渠和高村镇的思德河;阔叶树种繁多,以杨属、泡桐属、柳属等为主,全县均匀分布。随着近年来大面积的造林,白蜡、悬铃木、欧美杨、女贞在淇县的林分组成中占比接近 30%。淇县古树名木主要是侧柏、国槐、皂荚、杜梨、黄连木等,侧柏、国槐、皂荚古树居多,全县各乡镇均有,白梨古树群 1 处,位于北阳镇的油城村。

淇县林木种质资源保护与利用起步较晚,主要是通过建立自然保护区、森林公园、国家储备林,申报种质资源保存项目来加强对林木种质资源的保护和利用。

全县已有国家级森林公园 1 处,为淇县云梦山森林公园,公园面积 6 811.94 hm²;省级森林公园 1 处,为黄洞森林公园,公园面积 3 800 hm²;国家储备林面积 1 330 hm² 左右,在各个乡镇均有。

一、全县林木种质资源分布

淇县木本植物数量分布见表 3-1。

表 3-1　淇县木本植物数量分布

类别	科数	属数	种数
裸子植物	3	7	10
被子植物	61	138	316
合计	64	145	326

淇县林木种质资源类别统计见表 3-2。

表 3-2　淇县林木种质资源类别统计

序号	资源类别	科	属	种	品种	表格数
1	野生林木	49	106	198		25
2	栽培利用	58	116	189	30	742
3	重点保护	1	1	1		1
4	古树名木	7	10	11		60

续表 3-2

序号	资源类别	科	属	种	品种	表格数
5	优良品种	3	4	4		10
6	收集保存	8	8	8		9
7	集中栽培	31	51	69	17	421
8	城镇绿化	51	92	130	5	81
9	四旁树	48	90	143	22	240
10	古树群	1	1	1	0	1

常见的乔木有欧美杨 107 号、构树、桃、胡桃、柿、榆树、花椒、槐、臭椿、楝树、白蜡、雪松、刺槐、兰考泡桐、栾树、香椿、加杨等。城镇主要绿化树种以乡土树种为主,常见的乔木有女贞、雪松、二球悬铃木、栾树、白蜡、侧柏等,常见的灌木有紫叶李、木槿、冬青卫矛、小叶女贞、紫薇、石楠、红叶石楠、紫荆等。

(一)按木本植物生长类型分

(1)常见乔木:欧美杨 107 号、构树、桃、胡桃、柿、榆树、花椒、槐、臭椿、楝树、白蜡、雪松、刺槐、兰考泡桐、栾树、香椿、加杨等。其中欧美杨 107 号、桃、胡桃、刺槐、栾树以及女贞栽培面积较大。

(2)常见灌木:紫叶李、木槿、冬青卫矛、小叶女贞、紫薇、石楠、红叶石楠、紫荆等。其中石楠和小叶女贞栽培数量较多。

(3)木质藤本:种类较少,常见的有三叶地锦、五叶地锦、紫藤、葡萄等。三叶地锦与紫藤常常由人工种植于墙壁或形成花架,供人休憩,营造氛围,常用于园林观赏,增加城市绿化率。

(二)按照木本植物的观赏特性分

(1)常见观花树种:月季、木槿、紫薇、蜡梅、迎春、玉兰、日本晚樱、荷花玉兰、榆叶梅、紫叶桃、木瓜、垂丝海棠、贴梗海棠、棣棠、粉团蔷薇、紫叶李、连翘、金钟、木槿等。观花树种以蔷薇科居多,其次为木犀科和木兰科。特别是月季广泛栽培,其品种丰富,颜色艳丽,花期长,极具观赏价值。鹤壁市的观花树种比较齐全,春有迎春花、日本晚樱、玉兰、榆叶梅、紫叶桃等,夏有月季、紫薇等,秋有月季、木槿和黄山栾树等,冬有蜡梅等。市区内规模最大的是华夏南路的樱花大道。

(2)常见观叶树种:银杏、五角枫、红枫、紫叶李、中华金叶榆、鹅掌楸、毛黄栌、南天竹、悬铃木、乌桕、元宝枫、鸡爪槭、黄山栾树、七叶树、棕榈等。观叶树种主要是一些秋季变色及叶形独特的树种。秋季变色树种主要是槭树科;叶形奇特观叶树种分布较分散,如扇形的银杏、形似马褂的鹅掌楸、菱形叶的乌桕等,均具有较高的观赏价值。

(3)常见观果树种:火棘、石楠、山楂、枇杷、木瓜、乌桕、黄山栾树、鸡爪槭、南天竹、石榴、柿等。观果树种集中于秋季,火棘、木瓜、黄山栾树、石榴、柿等树种果实鲜红艳丽,经久不凋,常用于园林观赏。山楂、桃、梨、石榴等树种不仅可观果,还有一定的经济效益。

二、各乡镇林木种质资源分布情况

淇县各乡镇林木种质资源统计见表 3-3。

表 3-3　淇县各乡镇林木种质资源统计

县	乡(镇、街道)	科	属	种	品种	表格数
淇县	北阳镇	51	94	143	13	196
	城关镇	41	69	94	7	52
	高村镇	37	60	79	6	119
	黄洞乡	51	111	211	8	126
	庙口镇	37	60	70	6	94
	桥盟街道	41	74	105	13	147
	西岗镇	34	56	69	13	112

第二节　按照资源调查类别分类

一、野生林木种质资源

淇县地处太行山区和豫北平原交接地带,地貌类型比较复杂,山区、丘陵、平原、泊洼均有。淇县野生林木种质资源通过线路踏查和样地调查 13 条线路,共完成 25 张调查表,49 科 106 属 197 种。

野生种质资源调查树种有旱柳、毛白杨、胡桃、胡桃楸、大果榆、榆树、黑榆、大叶朴、小叶朴、桑树、构树、铁线莲、绣线菊、山桃、山槐、野皂角、胡枝子、杭子梢、葛、雀儿舌头、黄连木、黄栌、卵叶鼠李、山葡萄、五叶地锦、扁担杆、君迁子、杠柳、荆条、薄皮木、菝葜等。

淇县以海拔较高的纣王殿(三县脑)附近群落较为典型。浅山丘陵地区植被类型以灌木为主,低山地区以乔灌木或乔木为主。随着海拔的升高,地面覆盖度逐渐提升,植物种类逐渐丰富,乔灌木变得繁茂,郁闭度变大,乔木树种多样性也逐渐提高。植被类型由灌木植被类型逐步向针阔混交林、针叶林植被类型过渡。总体看,经过多年的植树造林,所调查的地域内基本上达到了林木全覆盖,是山皆绿,野生植被处于快速恢复期,部分人工林生长良好,但因山区普遍海拔较低,森林群落构成较单一,植物垂直地带性分布不太明显。

淇县山区不同海拔主要乔木树种分布见表 3-4。

表 3-4　淇县山区不同海拔主要乔木树种分布

海拔分布	主要乔木树种
浅山丘陵 (500 m 以下)	臭椿、栾树、大果榉、青檀、构树、君迁子、小叶朴、油松、刺槐、侧柏、黄连木、山槐、胡桃、毛白杨、榆树、山桃
低山 (500~1 000 m)	臭椿、栾树、毛白杨、大果榉、青檀、构树、君迁子、小叶朴、油松、刺槐、侧柏、黄连木、山槐、山桃、野胡桃、槲栎、鹅耳枥、栓皮栎、元宝槭、小叶白蜡、山杏、蒙桑

淇县各乡镇野生林木种质资源统计表3-5。

表3-5　淇县各乡镇野生林木种质资源统计

序号	乡(镇、街道)	科	属	种	表格数
1	北阳镇	31	46	55	5
2	黄洞乡	46	101	185	18
3	桥盟街道	13	17	19	2

淇县野生林木种质资源名录见表3-6。

表3-6　淇县野生林木种质资源名录

序号	分类等级	中文名	学名	属	科
1	种	油松	*Pinus tabuliformis*	松属	松科
2	种	侧柏	*Platycladus orientalis*	侧柏属	柏科
3	种	毛白杨	*Populus tomentosa*	杨属	杨柳科
4	种	小叶杨	*Populus simonii*	杨属	杨柳科
5	种	欧洲大叶杨	*Populus candicans*	杨属	杨柳科
6	种	黑杨	*Populus nigra*	杨属	杨柳科
7	种	旱柳	*Salix matsudana*	柳属	杨柳科
8	种	垂柳	*Salix babylonica*	柳属	杨柳科
9	种	枫杨	*Pterocarya stenoptera*	枫杨属	胡桃科
10	种	胡桃	*Juglans regia*	胡桃属	胡桃科
11	种	野胡桃	*Juglans cathayensis*	胡桃属	胡桃科
12	种	胡桃楸	*Juglans mandshurica*	胡桃属	胡桃科
13	种	鹅耳枥	*Carpinus turczaninowii*	鹅耳枥属	桦木科
14	种	茅栗	*Castanea seguinii*	栗属	壳斗科
15	种	栓皮栎	*Quercus variabilis*	栎属	壳斗科
16	种	槲栎	*Quercus aliena*	栎属	壳斗科
17	种	大果榆	*Ulmus macrocarpa*	榆属	榆科
18	种	榆树	*Ulmus pumila*	榆属	榆科
19	种	黑榆	*Ulmus davidiana*	榆属	榆科
20	种	旱榆	*Ulmus glaucescens*	榆属	榆科
21	种	榉树	*Zelkova schneideriana*	榉树属	榆科
22	种	大果榉	*Zelkova sinica*	榉树属	榆科
23	种	大叶朴	*Celtis koraiensis*	朴属	榆科
24	种	小叶朴	*Celtis bungeana*	朴属	榆科
25	种	朴树	*Celtis tetrandra* subsp. *sinensis*	朴属	榆科
26	种	青檀	*Pteroceltis tatarinowii*	青檀属	榆科
27	种	桑	*Morus alba*	桑属	桑科

续表 3-6

序号	分类等级	中文名	学名	属	科
28	种	花叶桑	*Morus alba* 'Laciniata'	桑属	桑科
29	种	蒙桑	*Morus mongolica*	桑属	桑科
30	种	山桑	*Morus mongolica* var. *diabolica*	桑属	桑科
31	种	鸡桑	*Morus australis*	桑属	桑科
32	种	构树	*Broussonetia papyrifera*	构属	桑科
33	种	柘树	*Cudrania tricuspidata*	柘树属	桑科
34	种	钝萼铁线莲	*Clematis peterae*	铁线莲属	毛茛科
35	种	粗齿铁线莲	*Clematis grandidentata*	铁线莲属	毛茛科
36	种	短尾铁线莲	*Clematis brevicaudata*	铁线莲属	毛茛科
37	种	太行铁线莲	*Clematis kirilowii*	铁线莲属	毛茛科
38	种	狭裂太行铁线莲	*Clematis kirilowii* var. *chanetii*	铁线莲属	毛茛科
39	种	大叶铁线莲	*Clematis heracleifolia*	铁线莲属	毛茛科
40	种	三叶木通	*Akebia trifoliata*	木通属	木通科
41	种	蝙蝠葛	*Menispermum dauricum*	蝙蝠葛属	防己科
42	种	望春玉兰	*Magnolia biondii*	木兰属	木兰科
43	种	大花溲疏	*Deutzia grandiflora*	溲疏属	虎耳草科
44	种	小花溲疏	*Deutzia parviflora*	溲疏属	虎耳草科
45	种	溲疏	*Deutzia scabra* 'Thunb'	溲疏属	虎耳草科
46	种	太平花	*Philadelphus pekinensis*	山梅花属	虎耳草科
47	种	山梅花	*Philadelphus incanus*	山梅花属	虎耳草科
48	种	毛萼山梅花	*Philadelphus dasycalyx*	山梅花属	虎耳草科
49	种	杜仲	*Eucommia ulmoides*	杜仲属	杜仲科
50	种	二球悬铃木	*Platanus acerifolia*	悬铃木属	悬铃木科
51	种	土庄绣线菊	*Spiraea pubescens*	绣线菊属	蔷薇科
52	种	毛花绣线菊	*Spiraea dasynantha*	绣线菊属	蔷薇科
53	种	中华绣线菊	*Spiraea chinensis*	绣线菊属	蔷薇科
54	种	疏毛绣线菊	*Spiraea hirsuta*	绣线菊属	蔷薇科
55	种	三裂绣线菊	*Spiraea trilobata*	绣线菊属	蔷薇科
56	种	绣球绣线菊	*Spiraea blumei*	绣线菊属	蔷薇科
57	种	小叶绣球绣线菊	*Spiraea blumei* var. *microphylla*	绣线菊属	蔷薇科
58	种	红柄白鹃梅	*Exochorda giraldii*	白鹃梅属	蔷薇科
59	种	西北栒子	*Cotoneaster zabelii*	栒子属	蔷薇科
60	种	山楂	*Crataegus pinnatifida*	山楂属	蔷薇科
61	种	红叶石楠	*Photinia* × *fraseri*	石楠属	蔷薇科
62	种	北京花楸	*Sorbus discolor*	花楸属	蔷薇科
63	种	花楸树	*Sorbus pohuashanensis*	花楸属	蔷薇科

续表 3-6

序号	分类等级	中文名	学名	属	科
64	种	皱皮木瓜	*Chaenomeles speciosa*	木瓜属	蔷薇科
65	种	豆梨	*Pyrus calleryana*	梨属	蔷薇科
66	种	白梨	*Pyrus bretschneideri*	梨属	蔷薇科
67	种	杜梨	*Pyrus betulifolia*	梨属	蔷薇科
68	种	海棠	*Malus spectabilis*	苹果属	蔷薇科
69	种	山莓	*Rubus corchorifolius*	悬钩子属	蔷薇科
70	种	粉枝莓	*Rubus biflorus*	悬钩子属	蔷薇科
71	种	茅莓	*Rubus parvifolius*	悬钩子属	蔷薇科
72	种	弓茎悬钩子	*Rubus flosculosus*	悬钩子属	蔷薇科
73	种	野蔷薇	*Rosa multiflora*	蔷薇属	蔷薇科
74	种	黄刺玫	*Rosa xanthina*	蔷薇属	蔷薇科
75	种	榆叶梅	*Amygdalus triloba*	桃属	蔷薇科
76	种	山桃	*Amygdalus davidiana*	桃属	蔷薇科
77	种	桃	*Amygdalus persica*	桃属	蔷薇科
78	种	杏	*Armeniaca vulgaris*	杏属	蔷薇科
79	种	山杏	*Armeniaca sibirica*	杏属	蔷薇科
80	种	欧李	*Cerasus hummilis*	樱属	蔷薇科
81	种	山槐	*Albizzia kalkora*	合欢属	豆科
82	种	野皂荚	*Gleditsia microphylla*	皂荚属	豆科
83	种	槐	*Sophora japonica*	槐属	豆科
84	种	多花木蓝	*Indigofera amblyantha*	木蓝属	豆科
85	种	木蓝	*Indigofera tinctoria*	木蓝属	豆科
86	种	河北木蓝	*Indigofera bungeana*	木蓝属	豆科
87	种	刺槐	*Robinia pseudoacacia*	刺槐属	豆科
88	种	红花锦鸡儿	*Caragana rosea*	锦鸡儿属	豆科
89	种	锦鸡儿	*Caragana sinica*	锦鸡儿属	豆科
90	种	胡枝子	*Lespedzea bicolor*	胡枝子属	豆科
91	种	兴安胡枝子	*Lespedzea davcerica*	胡枝子属	豆科
92	种	多花胡枝子	*Lespedzea floribunda*	胡枝子属	豆科
93	种	长叶铁扫帚	*Lespedzea caraganae*	胡枝子属	豆科
94	种	赵公鞭	*Lespedzea hedysaroides*	胡枝子属	豆科
95	种	截叶铁扫帚	*Lespedzea cuneata*	胡枝子属	豆科
96	种	阴山胡枝子	*Lespedzea inschanica*	胡枝子属	豆科
97	种	白花杭子梢	*Campylotropis macrocarpa f. alba*	杭子梢属	豆科
98	种	杭子梢	*Campylotropis macrocarpa*	杭子梢属	豆科
99	种	葛	*Pueraria montana*	葛属	豆科

续表 3-6

序号	分类等级	中文名	学名	属	科
100	种	吴茱黄	*Tetradium ruticarpum*	吴茱黄属	芸香科
101	种	臭檀吴萸	*Tetradium daniellii*	吴茱黄属	芸香科
102	种	竹叶花椒	*Zanthoxylum armatum*	花椒属	芸香科
103	种	花椒	*Zanthoxylum bungeanum*	花椒属	芸香科
104	种	苦木	*Picrasma quassioides*	苦木属	苦木科
105	种	臭椿	*Ailanthus altissima*	臭椿属（樗属）	苦木科
106	种	香椿	*Toona sinensis*	香椿属	楝科
107	种	楝	*Melia azedarach*	楝属	楝科
108	种	一叶萩	*Flueggea suffruticosa*	白饭树属	大戟科
109	种	雀儿舌头	*Leptopus chinensis*	雀儿舌头属	大戟科
110	种	黄杨	*Buxus sinica*	黄杨属	黄杨科
111	种	小叶黄杨	*Buxus sinica* var. *parvifolia*	黄杨属	黄杨科
112	种	黄连木	*Pistacia chinensis*	黄连木属	漆树科
113	种	盐肤木	*Rhus chinensis*	盐肤木属	漆树科
114	种	漆树	*Toxicodendron vernicifluum*（Stokes）F. A. Barkl.	漆属	漆树科
115	种	粉背黄栌	*Cotinus coggygria* var. *glaucophylla*	黄栌属	漆树科
116	种	毛黄栌	*Cotinus coggygria* var. *pubescens*	黄栌属	漆树科
117	种	红叶	*Cotinus coggygria* var. *cinerea*	黄栌属	漆树科
118	种	冬青卫矛	*Euonymus japonicus*	卫矛属	卫矛科
119	种	南蛇藤	*Celastrus orbiculatus*	南蛇藤属	卫矛科
120	种	短梗南蛇藤	*Celastrus rosthornianus*	南蛇藤属	卫矛科
121	种	苦皮藤	*Celastrus angulatus*	南蛇藤属	卫矛科
122	种	哥兰叶	*Celastrus gemmatus*	南蛇藤属	卫矛科
123	种	元宝槭	*Acer truncatum*	槭属	槭树科
124	种	秦岭槭	*Acer tsinglingense*	槭属	槭树科
125	种	栾树	*Koelreuteria paniculata*	栾树属	无患子科
126	种	黄山栾树	*Koelreuteria bipinnata* 'Integrifoliola'	栾树属	无患子科
127	种	对刺雀梅藤	*Sageretia pycnophylla*	雀梅藤属	鼠李科
128	种	少脉雀梅藤	*Sageretia paucicostata*	雀梅藤属	鼠李科
129	种	卵叶鼠李	*Rhamnus bungeana*	鼠李属	鼠李科
130	种	锐齿鼠李	*Rhamnus arguta*	鼠李属	鼠李科
131	种	薄叶鼠李	*Rhamnus leptophylla*	鼠李属	鼠李科
132	种	北枳椇	*Hovenia dulcis*	枳椇属	鼠李科
133	种	多花勾儿茶	*Berchemia floribunda*	勾儿茶属（牛儿藤属）	鼠李科

续表 3-6

序号	分类等级	中文名	学名	属	科
134	种	勾儿茶	*Berchemia sinica*	勾儿茶属（牛儿藤属）	鼠李科
135	种	酸枣	*Ziziphus jujuba* var. *spinosa*	枣属	鼠李科
136	种	变叶葡萄	*Vitis piasezkii*	葡萄属	葡萄科
137	种	毛葡萄	*Vitis heyneana*	葡萄属	葡萄科
138	种	山葡萄	*Vitis amurensis*	葡萄属	葡萄科
139	种	华东葡萄	*Vitis pseudoreticulata*	葡萄属	葡萄科
140	种	蓝果蛇葡萄	*Ampelopsis bodinieri*	蛇葡萄属	葡萄科
141	种	掌裂蛇葡萄	*Ampelopsis delavayana* var. *glabra*	蛇葡萄属	葡萄科
142	种	乌头叶蛇葡萄	*Ampelopsis aconitifolia*	蛇葡萄属	葡萄科
143	种	地锦	*Parthenocissus tricuspidata*	地锦属（爬山虎属）	葡萄科
144	种	五叶地锦	*Parthenocissus quinquefolia*	地锦属（爬山虎属）	葡萄科
145	种	华东椴	*Tilia japonica*	椴树属	椴树科
146	种	扁担杆	*Grewia biloba*	扁担杆属	椴树科
147	种	小花扁担杆	*Grewia biloba* var. *parvifolia*	扁担杆属	椴树科
148	种	木槿	*Hibiscus syriacus*	木槿属	锦葵科
149	种	梧桐	*Firmiana platanifolia*（L. f.）Marsili	梧桐属	梧桐科
150	种	中华猕猴桃	*Actinidia chinensis*	猕猴桃属	猕猴桃科
151	种	石榴	*Punica granatum*	石榴属	石榴科
152	种	八角枫	*Alangium chinense*	八角枫属	八角枫科
153	种	瓜木	*Alangium platanifolium*	八角枫属	八角枫科
154	种	山茱萸	*Cornus officinalis*	山茱萸属	山茱萸科
155	种	柿	*Diospyros kaki*	柿树属	柿树科
156	种	君迁子	*Diospyros lotus*	柿树属	柿树科
157	种	小叶白蜡树	*Fraxinus chinensis*	白蜡属	木樨科
158	种	白蜡	*Fraxinus chinensis*	白蜡属	木樨科
159	种	连翘	*Forsythia suspensa*	连翘属	木樨科
160	种	北京丁香	*Syringa pekinensis*	丁香属	木樨科
161	种	暴马丁香	*Syringa reticulata* var. *mardshurica*	丁香属	木樨科
162	种	流苏树	*Chionanthus retusus*	流苏树属	木樨科
163	种	络石	*Trachelospermum jasminoides*	络石属	夹竹桃科
164	种	杠柳	*Periploca sepium*	杠柳属	萝藦科
165	种	白棠子树	*Callicarpa dichotoma*	紫珠属	马鞭草科
166	种	日本紫珠	*Callicarpa japonica*	紫珠属	马鞭草科
167	种	黄荆	*Vitex negundo*	牡荆属	马鞭草科

续表 3-6

序号	分类等级	中文名	学名	属	科
168	种	牡荆	*Vitex negundo* var. *cannabifolia*	牡荆属	马鞭草科
169	种	荆条	*Vitex negundo* var. *heterophylla*	牡荆属	马鞭草科
170	种	臭牡丹	*Clerodendrum bungei*	大青属（桢桐属）	马鞭草科
171	种	海州常山	*Clerodendrum trichotomum*	大青属（桢桐属）	马鞭草科
172	种	三花莸	*Caryopteris terniflora*	莸属	马鞭草科
173	种	柴荆芥	*Elsholtzia stauntoni*	香薷属	唇形科
174	种	枸杞	*Lycium chinense*	枸杞属	茄科
175	种	毛泡桐	*Paulownia tomentosa*	泡桐属	玄参科
176	种	兰考泡桐	*Paulownia elongata*	泡桐属	玄参科
177	种	楸叶泡桐	*Paulownia catalpifolia*	泡桐属	玄参科
178	种	梓树	*Catalpa ovata*	梓树属	紫葳科
179	种	楸树	*Catalpa bungei*	梓树属	紫葳科
180	种	灰楸	*Catalpa fargesii*	梓树属	紫葳科
181	种	凌霄	*Campsis grandiflora*	凌霄属	紫葳科
182	种	薄皮木	*Leptodermis oblonga*	野丁香属	茜草科
183	种	鸡矢藤	*Paederia scandens*	鸡矢藤属	茜草科
184	种	接骨木	*Sambucus williamsii*	接骨木属	忍冬科
185	种	陕西荚蒾	*Viburnum schensianum*	荚蒾属	忍冬科
186	种	蒙古荚蒾	*Viburnum mongolicum*	荚蒾属	忍冬科
187	种	荚蒾	*Viburnum dilatatum*	荚蒾属	忍冬科
188	种	六道木	*Abelia biflora*	六道木属	忍冬科
189	种	苦糖果	*Lonicera fragrantissima* subsp. *standishii*	忍冬属	忍冬科
190	种	忍冬	*Lonicera japonica*	忍冬属	忍冬科
191	种	金银花	*Lonicera japonica*	忍冬属	忍冬科
192	种	蚂蚱腿子	*Myripnois dioica*	蚂蚱腿子属	菊科
193	种	淡竹	*Phyllostachys glauca*	刚竹属	禾本科
194	种	短梗菝葜	*Smilax scobinicaulis*	菝葜属	百合科
195	种	菝葜	*Smilax china*	菝葜属	百合科
196	种	鞘柄菝葜	*Smilax stans*	菝葜属	百合科
197	种	雪松	*Cedrus deodara*	雪松属	松科

二、栽培利用林木种质资源

淇县栽培利用林木种质资源记录表 742 份,58 科 116 属 188 种(另有 30 个品种)。淇县各乡镇栽培利用林木种质资源统计见表 3-7。

表 3-7 淇县各乡镇栽培利用林木种质资源统计

序号	乡(镇、街道)	科	属	种	品种	表格数
1	北阳镇	51	94	143	13	196
2	城关镇	41	69	94	7	52
3	高村镇	37	60	79	6	119
4	黄洞乡	51	111	211	8	126
5	庙口镇	37	60	70	6	94
6	桥盟街道	41	74	105	13	147
7	西岗镇	34	56	69	13	112

淇县栽培利用木本植物可分三类：

一是造林树种，主要树种有悬铃木、白蜡、女贞、红叶李、侧柏、欧美杨、兰考泡桐、雪松、黄山栾树、白皮松、楸树、银杏等。其中，欧美杨数量最多，是最主要的人工造林栽培树种。

二是经济树种，主要有花椒、枣、桃、苹果、核桃、柿、梨、葡萄等常见树种。目前种植面积大的树种主要有花椒、枣、核桃等。

三是观赏树种，最主要的形式为造景，如日本晚樱、月季、槐、紫荆、牡丹、黄杨、丁香、西府海棠、圆柏、龙柏、雪松、一球悬铃木、二球悬铃木、合欢、紫藤、木槿等观赏乔木或花灌木。

淇县栽培利用林木种质资源名录见表 3-8。

表 3-8 淇县栽培利用林木种质资源名录

序号	分类等级	中文名	学名	属	科
1	种	银杏	*Ginkgo biloba*	银杏属	银杏科
2	种	云杉	*Picea asperata*	云杉属	松科
3	种	雪松	*Cedrus deodara*	雪松属	松科
4	种	白皮松	*Pinus bungeana*	松属	松科
5	种	马尾松	*Pinus massoniana*	松属	松科
6	种	油松	*Pinus tabuliformis*	松属	松科
7	种	黑松	*Pinus thunbergii*	松属	松科
8	种	侧柏	*Platycladus orientalis*	侧柏属	柏科
9	种	圆柏	*Sabina chinensis*	圆柏属	柏科
10	种	龙柏	*Sabina chinensis* 'Kaizuca'	圆柏属	柏科
11	种	刺柏	*Juniperus formosana*	刺柏属	柏科
12	种	毛白杨	*Populus tomentosa*	杨属	杨柳科
13	种	小叶杨	*Populus simonii*	杨属	杨柳科
14	种	加杨	*Populus × canadensis*	杨属	杨柳科
15	品种	欧美杨 107 号	*Populus × canadensis*	杨属	杨柳科

续表 3-8

序号	分类等级	中文名	学名	属	科
16	品种	欧美杨 108 号	*Populus × canadensis*	杨属	杨柳科
17	品种	欧美杨 2012	*Populus × canadensis*	杨属	杨柳科
18	种	旱柳	*Salix matsudana*	柳属	杨柳科
19	品种	'豫新'柳	*Salix matsudana*	柳属	杨柳科
20	种	馒头柳	*Salix matsudana* f. *umbraculifera*	柳属	杨柳科
21	种	垂柳	*Salix babylonica*	柳属	杨柳科
22	种	化香树	*Platycarya strobilacea*	化香树属	胡桃科
23	种	枫杨	*Pterocarya stenoptera*	枫杨属	胡桃科
24	种	胡桃	*Juglans regia*	胡桃属	胡桃科
25	品种	'辽宁 7 号'核桃	*Juglans regia*	胡桃属	胡桃科
26	品种	'绿波'核桃	*Juglans regia*	胡桃属	胡桃科
27	品种	'清香'核桃	*Juglans regia*	胡桃属	胡桃科
28	品种	'香玲'核桃	*Juglans regia*	胡桃属	胡桃科
29	种	野胡桃	*Juglans cathayensis*	胡桃属	胡桃科
30	种	美国山核桃	*Carya illenoensis*	山核桃属	胡桃科
31	种	茅栗	*Castanea seguinii*	栗属	壳斗科
32	种	麻栎	*Quercus acutissima*	栎属	壳斗科
33	种	大果榆	*Ulmus macrocarpa*	榆属	榆科
34	种	榆树	*Ulmus pumila*	榆属	榆科
35	品种	'豫杂 5 号'白榆	*Ulmus pumila*	榆属	榆科
36	种	中华金叶榆	*Ulmus pumila* 'Jinye'	榆属	榆科
37	种	黑榆	*Ulmus davidiana*	榆属	榆科
38	种	榔榆	*Ulmus parvifolia*	榆属	榆科
39	种	刺榆	*Hemiptelea davidii*	刺榆属	榆科
40	种	小叶朴	*Celtis bungeana*	朴属	榆科
41	种	珊瑚朴	*Celtis julianae*	朴属	榆科
42	种	朴树	*Celtis sinensis*	朴属	榆科
43	种	青檀	*Pteroceltis tatarinowii*	青檀属	榆科
44	种	华桑	*Morus cathayana*	桑属	桑科
45	种	桑	*Morus alba*	桑属	桑科
46	品种	桑树新品种 7946	*Morus alba*	桑属	桑科
47	种	花叶桑	*Morus alba* 'Laciniata'	桑属	桑科
48	种	山桑	*Morus mongolica* var. *diabolica*	桑属	桑科
49	种	构树	*Broussonetia papyrifera*	构属	桑科
50	种	无花果	*Ficus carica*	榕属	桑科
51	种	牡丹	*Paeonia suffruticosa*	芍药属	毛茛科
52	种	太行铁线莲	*Clematis kirilowii*	铁线莲属	毛茛科
53	种	三叶木通	*Akebia trifoliata*	木通属	木通科
54	种	紫叶小檗	*Berberis thunbergii* 'Atropurpurea'	小檗属	小檗科

续表 3-8

序号	分类等级	中文名	学名	属	科
55	种	南天竹	*Nandina domestica*	南天竹属	小檗科
56	种	荷花玉兰	*Magnolia grandiflora*	木兰属	木兰科
57	种	玉兰	*Magnolia denudata*	木兰属	木兰科
58	种	武当玉兰	*Magnolia sprengeri*	木兰属	木兰科
59	种	蜡梅	*Chimonanthus praecox*	蜡梅属	蜡梅科
60	种	樟树	*Cinnamomum camphora*	樟属	樟科
61	种	山橿	*Lindera Umbellata* var. *latifolium*	山胡椒属 （钓樟属）	樟科
62	种	海桐	*Pittosporum tobira*	海桐属	海桐科
63	种	山白树	*Sinowilsonia henryi*	山白树属	金缕梅科
64	种	杜仲	*Eucommia ulmoides*	杜仲属	杜仲科
65	种	一球悬铃木	*Platanus occidentalis*	悬铃木属	悬铃木科
66	种	二球悬铃木	*Platanus acerifolia*	悬铃木属	悬铃木科
67	种	麻叶绣线菊	*Spiraea cantoniensis*	绣线菊属	蔷薇科
68	种	火棘	*Pyracantha frotuneana*	火棘属	蔷薇科
69	种	山楂	*Crataegus pinnatifida*	山楂属	蔷薇科
70	种	石楠	*Photinia serrulate* Lindl	石楠属	蔷薇科
71	种	红叶石楠	*Photinia × fraseri*	石楠属	蔷薇科
72	种	枇杷	*Eriobotrya japonica*	枇杷属	蔷薇科
73	种	毛叶木瓜	*Chaenomeles cathayensis*	木瓜属	蔷薇科
74	种	木瓜	*Chaenomeles sinensis*	木瓜属	蔷薇科
75	种	白梨	*Pyrus bretschneideri*	梨属	蔷薇科
76	品种	爱宕梨	*Pyrus bretschneideri*	梨属	蔷薇科
77	品种	晚秋黄梨	*Pyrus bretschneideri*	梨属	蔷薇科
78	种	杜梨	*Pyrus betulifolia*	梨属	蔷薇科
79	种	垂丝海棠	*Malus halliana*	苹果属	蔷薇科
80	种	苹果	*Malus pumila* Mill.	苹果属	蔷薇科
81	品种	富士	*Malus pumila*	苹果属	蔷薇科
82	种	海棠花	*Malus spectabilis*	苹果属	蔷薇科
83	种	西府海棠	*Malus micromalus*	苹果属	蔷薇科
84	种	茅莓	*Rubus parvifolius*	悬钩子属	蔷薇科
85	种	月季	*Rosa chinensis*	蔷薇属	蔷薇科
86	种	黄刺玫	*Rosa xanthina*	蔷薇属	蔷薇科
87	种	刺梗蔷薇	*Rosa corymbulosa*	蔷薇属	蔷薇科
88	种	榆叶梅	*Amygdalus triloba*	桃属	蔷薇科
89	种	山桃	*Amygdalus davidiana*	桃属	蔷薇科
90	种	桃	*Amygdalus persica*	桃属	蔷薇科
91	品种	'中桃21号'桃	*Amygdalus persica*	桃属	蔷薇科
92	品种	黄金蜜桃1号	*Rosaceae*	桃属	蔷薇科
93	种	油桃	*Amygdalus persica* var. *nectarine*	桃属	蔷薇科

续表 3-8

序号	分类等级	中文名	学名	属	科
94	种	蟠桃	*Amygdalus persica* var. *compressa*	桃属	蔷薇科
95	种	碧桃	*Amygdalus persica*	桃属	蔷薇科
96	种	杏	*Armeniaca vulgaris*	杏属	蔷薇科
97	种	山杏	*Armeniaca sibirica*	杏属	蔷薇科
98	种	梅	*Armeniaca mume*	杏属	蔷薇科
99	种	紫叶李	*Prunus cerasifera*	李属	蔷薇科
100	种	李	*Prunus salicina*	李属	蔷薇科
101	种	樱桃	*Cerasus pseudocerasus*	樱属	蔷薇科
102	品种	红灯	*Cerasus pseudocerasus*	樱属	蔷薇科
103	品种	'红叶'樱花	*Cerasus pseudocerasus*	樱属	蔷薇科
104	种	东京樱花	*Cerasus yedoensis*	樱属	蔷薇科
105	种	日本晚樱	*Cerasus serrulata* var. *lannesiana*	樱属	蔷薇科
106	种	山槐	*Albizzia kalkora*	合欢属	豆科
107	种	合欢	*Albizzia julibrissin*	合欢属	豆科
108	种	皂荚	*Gleditsia sinensis*	皂荚属	豆科
109	种	野皂荚	*Gleditsia microphylla*	皂荚属	豆科
110	种	紫荆	*Cercis chinensis*	紫荆属	豆科
111	种	加拿大紫荆	*Cercis Canadensis*	紫荆属	豆科
112	种	槐	*Sophora japonica*	槐属	豆科
113	种	龙爪槐	*Sophora japonica*	槐属	豆科
114	种	五叶槐	*Sophora japonica*	槐属	豆科
115	种	小花香槐	*Cladrastis delavayi*	香槐属	豆科
116	种	河北木蓝	*Indigofera bungeana*	木蓝属	豆科
117	种	紫穗槐	*Amorpha fruticosa*	紫穗槐属	豆科
118	种	紫藤	*Wisteria sirensis*	紫藤属	豆科
119	种	刺槐	*Robinia pseudoacacia*	刺槐属	豆科
120	品种	'黄金'刺槐	*Robinia pseudoacacia*	刺槐属	豆科
121	种	胡枝子	*Lespedzea bicolor*	胡枝子属	豆科
122	种	长叶铁扫帚	*Lespedzea caraganae*	胡枝子属	豆科
123	种	葛	*Pueraria montana*	葛属	豆科
124	种	竹叶花椒	*Zanthoxylum armatum*	花椒属	芸香科
125	种	花椒	*Zanthoxylum bungeanum*	花椒属	芸香科
126	品种	大红袍花椒	*Zanthoxylum bunngeanum*	花椒属	芸香科
127	种	青花椒	*Zanthoxylum schinifolium*	花椒属	芸香科
128	种	臭椿	*Ailanthus altissima*	臭椿属（樗属）	苦木科
129	品种	'白皮千头'椿	*Ailanthus altissima*	臭椿属（樗属）	苦木科
130	种	香椿	*Toona sinensis*	香椿属	楝科
131	种	楝	*Melia azedarach*	楝属	楝科

续表 3-8

序号	分类等级	中文名	学名	属	科
132	种	一叶萩	*Flueggea suffruticosa*	白饭树属	大戟科
133	种	重阳木	*Bischofia polycarpa*	重阳木属	大戟科
134	种	乌桕	*Sapium sebiferum*	乌桕属	大戟科
135	种	黄杨	*Buxus sinica*	黄杨属	黄杨科
136	种	小叶黄杨	*Buxus sinica* var. *parvifolia*	黄杨属	黄杨科
137	种	黄连木	*Pistacia chinensis*	黄连木属	漆树科
138	种	盐肤木	*Rhus chinensis*	盐肤木属	漆树科
139	种	火炬树	*Rhus typhina*	盐肤木属	漆树科
140	种	粉背黄栌	*Cotinus coggygria* var. *glaucophylla*	黄栌属	漆树科
141	种	红叶	*Cotinus coggygria* var. *cinerea*	黄栌属	漆树科
142	种	冬青	*Ilex chinensis*	冬青属	冬青科
143	种	枸骨	*Ilex cornuta*	冬青属	冬青科
144	种	卫矛	*Euonymus alatus*	卫矛属	卫矛科
145	种	白杜	*Euonymus maackii*	卫矛属	卫矛科
146	种	冬青卫矛	*Euonymus japonicus*	卫矛属	卫矛科
147	种	五角枫	*Acer pictum* subsp. *mono*	槭属	槭树科
148	种	鸡爪槭	*Acer Palmatum*	槭属	槭树科
149	种	三角槭	*Acer buergerianum*	槭属	槭树科
150	种	梣叶槭	*Acer negundo*	槭属	槭树科
151	品种	'金叶'复叶槭	*Acer negundo*	槭属	槭树科
152	种	七叶树	*Aesculus chinensis*	七叶树属	七叶树科
153	种	栾树	*Koelreuteria paniculata*	栾树属	无患子科
154	种	卵叶鼠李	*Rhamnus bungeana*	鼠李属	鼠李科
155	种	锐齿鼠李	*Rhamnus arguta*	鼠李属	鼠李科
156	种	多花勾儿茶	*Berchemia floribunda*	勾儿茶属（牛儿藤属）	鼠李科
157	种	枣	*Ziziphus jujuba*	枣属	鼠李科
158	品种	豫枣 2 号（淇县无核枣）	*Ziziphus jujuba*	枣属	鼠李科
159	种	酸枣	*Ziziphus jujuba* var. *spinosa*	枣属	鼠李科
160	种	葫芦枣	*Ziziphus jujuba* f. *lageniformis*	枣属	鼠李科
161	种	龙爪枣	*Ziziphus jujuba* 'Tortuosa'	枣属	鼠李科
162	种	毛葡萄	*Vitis heyneana*	葡萄属	葡萄科
163	种	葡萄	*Vitis vinifera*	葡萄属	葡萄科
164	品种	'夏黑'葡萄	*Vitis vinifera*	葡萄属	葡萄科
165	种	地锦	*Parthenocissus tricuspidata*	地锦属（爬山虎属）	葡萄科
166	种	南京椴	*Tilia miqueliana*	椴树属	椴树科
167	种	蒙椴	*Tilia mongolica*	椴树属	椴树科
168	种	扁担杆	*Grewia biloba*	扁担杆属	椴树科

续表 3-8

序号	分类等级	中文名	学名	属	科
169	种	木槿	*Hibiscus syriacus*	木槿属	锦葵科
170	种	梧桐	*Firmiana platanifolia*	梧桐属	梧桐科
171	种	山茶	*Camellia japonica*	山茶属	山茶科
172	种	紫薇	*Lagerstroemia indica*	紫薇属	千屈菜科
173	种	石榴	*Punica granatum*	石榴属	石榴科
174	品种	范村软籽	*Punica granatum*	石榴属	石榴科
175	品种	河阴软籽	*Punica granatum*	石榴属	石榴科
176	品种	以色列软籽	*Punica granatum*	石榴属	石榴科
177	种	月季石榴	*Punica granatum* 'Nana'	石榴属	石榴科
178	种	黄石榴	*Punica granatum* 'Flavescens'	石榴属	石榴科
179	种	喜树	*Camptotheca acuminata*	喜树属	蓝果树科
180	种	瓜木	*Alangium platanifolium*	八角枫属	八角枫科
181	种	刺楸	*Kalopanax septemlobus*	刺楸属	五加科
182	种	毛梾	*Swida walteri* Wanger	梾木属	山茱萸科
183	种	紫金牛	*Ardisia japonica*	紫金牛属	紫金牛科
184	种	柿	*Diospyros kaki*	柿树属	柿树科
185	品种	八瓣红	*Diospyros kaki*	柿树属	柿树科
186	品种	'博爱八月黄'柿	*Diospyros kaki*	柿树属	柿树科
187	品种	'七月燥'柿	*Diospyros kaki*	柿树属	柿树科
188	种	君迁子	*Diospyros lotus*	柿树属	柿树科
189	种	秤锤树	*Sinojackia xylocarpa*	秤锤树属	安息香科
190	种	白蜡	*Fraxinus chinensis*	白蜡属	木樨科
191	种	连翘	*Forsythia suspensa*	连翘属	木樨科
192	种	金钟花	*Forsythia viridissima*	连翘属	木樨科
193	种	华北丁香	*Syringa oblata*	丁香属	木樨科
194	种	紫丁香	*Syringa julianae*	丁香属	木樨科
195	种	木樨	*Osmanthus fragrans*	木樨属	木樨科
196	种	女贞	*Ligustrum lucidum*	女贞属	木樨科
197	品种	平抗1号金叶女贞	*Ligustrum lucidum*	女贞属	木樨科
198	种	小叶女贞	*Ligustrum quihoui*	女贞属	木樨科
199	种	迎春花	*Jasminum nudiflorum*	茉莉属（素馨属）	木樨科
200	种	夹竹桃	*Nerium indicum*	夹竹桃属	夹竹桃科
201	种	粗糠树	*Ehretia macrophylla*	厚壳树属	紫草科
202	种	荆条	*Vitex negundo* var. *heterophylla*	牡荆属	马鞭草科
203	种	臭牡丹	*Clerodendrum bungei*	大青属（桢桐属）	马鞭草科
204	种	枸杞	*Lycium chinense*	枸杞属	茄科

续表 3-8

序号	分类等级	中文名	学名	属	科
205	种	毛泡桐	*Paulownia tomentosa*	泡桐属	玄参科
206	种	兰考泡桐	*Paulownia elongata*	泡桐属	玄参科
207	种	楸叶泡桐	*Paulownia catalpifolia*	泡桐属	玄参科
208	种	梓树	*Catalpa voata*	梓树属	紫葳科
209	种	楸树	*Catalpa bungei*	梓树属	紫葳科
210	种	凌霄	*Campasis grandiflora*	凌霄属	紫葳科
211	种	接骨木	*Sambucus williamsii*	接骨木属	忍冬科
212	种	鸡树条荚蒾	*Viburnum opulus* var. *calvescens*	荚蒾属	忍冬科
213	种	忍冬	*Lonicera japonica*	忍冬属	忍冬科
214	种	金银花	*Lonicera japonica*	忍冬属	忍冬科
215	种	蚂蚱腿子	*Myripnois dioica*	蚂蚱腿子属	菊科
216	种	刚竹	*Phyllostachys bambusoides*	刚竹属	禾本科
217	种	凤尾丝兰	*Yucca gloriosa*	丝兰属	百合科
218	种	菝葜	*Smilax china*	菝葜属	百合科

三、集中栽培林木种质资源

淇县集中栽培林木种质资源为 31 科 51 属 69 种(包括 17 个品种)。

集中栽培的树种主要有悬铃木、白蜡、女贞、红叶李、侧柏、欧美杨等。经济林树种主要有花椒、桃、苹果、核桃、柿、梨、葡萄等常见树种,其中种植最多的是花椒,各乡镇村庄均有栽培。

各乡镇集中栽培林木种质资源统计见表 3-9。

表 3-9 各乡镇集中栽培林木种质资源统计

序号	乡(镇、街道)	科	属	种	品种	表格数
1	北阳镇	22	39	45	7	121
2	城关镇	5	7	7	2	16
3	高村镇	16	23	27	5	62
4	黄洞乡	6	6	7	4	44
5	庙口镇	9	11	11	3	39
6	桥盟街道	17	24	30	9	81
7	西岗镇	13	19	21	7	58

淇县集中栽培林木种质资源分布见表 3-10。

表 3-10　淇县集中栽培林木种质资源分布详表

序号	乡（镇、街道）	村	小地名	经度（°）	纬度（°）	海拔（m）	中文名	学名	树龄（年）	种群面积（亩）	繁殖方法
1	西岗镇	篦街	篦街	114.252 0	35.585 86	67.31	黄金蜜桃 1 号	*Rosaceae*	4	300	嫁接
2	桥盟街道	黄庄	黄庄	114.137 2	35.611 04	76.52	二球悬铃木	*Platanus* × *acerifolia*	5	12	扦插
3	桥盟街道	黄庄	南水北调渠道	114.137 2	35.611 15	72.45	日本晚樱	*Cerasus serrulata* var. *lannesiana*	6	40	扦插
4	庙口镇	鲍屯	南水北调渠道东侧	114.188 0	35.652 82	78.03	紫叶李	*Prunus cerasifera* 'Pissardii'	6	32	嫁接
5	庙口镇	鲍屯	南水北调渠道	114.188 1	35.652 76	77.82	杜仲	*Eucommia ulmoides*	6	25	种子繁殖
6	庙口镇	鲍屯	南水北调渠道	114.187 3	35.654 95	82.27	女贞	*Ligustrum lucidum*	6	30	种子繁殖
7	高村镇	刘河	南水北调渠道两侧	114.200 7	35.669 78	74.42	白皮松	*Pinus bungeana*	6	25	种子繁殖
8	西岗镇	余庄	高铁东	114.227 9	35.623 14	59.53	欧美杨 107 号	*Populus* × *canadensis*	8	200	扦插
9	桥盟街道	吴寨	吴寨	114.207 7	35.638 94	67.71	胡桃	*Juglans regia*	10	4	嫁接
10	城关镇	稻庄	稻庄	114.188 0	35.596 29	54.51	欧美杨 107 号	*Populus* × *canadensis*	8	25	扦插
11	城关镇	阁南	东关	114.212 1	35.595 52	52.68	苹果	*Malus pumila*	6	10	嫁接
12	城关镇	东关	东关	114.215 5	35.594 29	50.95	胡桃	*Juglans regia*	0	60	嫁接
13	城关镇	东关	东关	114.215 5	35.594 29	51.63	晚秋黄梨	*Pyrus bretschenideri*	6	200	嫁接
14	城关镇	中山街	高速西侧	114.208 1	35.595 76	47.93	欧美杨 107 号	*Populus* × *canadensis*	5	220	扦插
15	城关镇	阁南	荆铜壑	114.187 0	35.588 87	54.66	桃	*Amygdalus persica*	6	30	嫁接
16	城关镇	稻庄	稻庄	114.187 0	35.588 87	54.66	胡桃	*Juglans regia*	8	80	嫁接
17	北阳镇	高楼新庄	高楼新庄	114.173 4	35.581 88	55.31	白蜡	*Fraxinus chinensis*	4	10	种子繁殖
18	北阳镇	高楼新庄	新庄	114.173 4	35.581 85	55.22	玉兰	*Magnolia denudata*	2	35	种子繁殖
19	北阳镇	南小屯	南小屯	114.166 3	35.584 05	51.19	月季	*Rosa chinensis*	4	30	扦插
20	北阳镇	南小屯	峪苑春	114.166 8	35.586 82	55.08	欧美杨 107 号	*Populus* × *canadensis*	9	200	扦插
21	北阳镇	南小屯	峪苑春	114.175 8	35.586 21	53.00	杏	*Armeniaca vulgaris*	6	8	嫁接
22	北阳镇	南小屯	峪苑春	114.176 0	35.586 15	52.03	李	*Prunus salicina*	7	6	嫁接

续表 3-10

序号	乡（镇、街道）	村	小地名	经度（°）	纬度（°）	海拔（m）	中文名	学名	树龄（年）	种群面积（亩）	繁殖方法
23	北阳镇	南小屯	峪苑春	114.176 3	35.586 17	43.67	桃	Amygdalus persica	4	50	嫁接
24	北阳镇	县农科所	峪苑春	114.176 4	35.586 19	37.93	白梨	Pyrus bretschneideri	2	4	嫁接
25	北阳镇	县农科所	峪苑春	114.176 6	35.586 37	31.91	苹果	Malus pumila	4	4	嫁接
26	城关镇	稻庄	稻庄河	114.178 2	35.590 39	60.66	欧美杨107号	Populus × canadensis	10	200	扦插
27	城关镇	稻庄	107路路边	114.178 2	35.590 40	53.59	二球悬铃木	Platanus × acerifolia	2	1 160	扦插
28	庙口镇	庙口	水库	114.141 3	35.719 04	180.1	侧柏	Platycladus orientalis	30	500	种子繁殖
29	黄洞乡	烟岭沟	东掌	114.075 6	35.733 77	243.0	侧柏	Platycladus orientalis	20	150	种子繁殖
30	黄洞乡	西掌	西掌	114.036 3	35.727 25	316.5	侧柏	Platycladus orientalis	20	200	种子繁殖
31	黄洞乡	对寺文	下约王店	114.030 2	35.696 79	411.4	欧美杨107号	Populus × canadensis	10	60	扦插
32	黄洞乡	约王店	下约王店	114.006 7	35.709 62	460.2	花椒	Zanthoxylum bungeanum	20	120	种子繁殖
33	黄洞乡	对寺文	上对寺窑	114.031 3	35.700 69	431.5	欧美杨108号	Populus × canadensis	9	200	扦插
34	黄洞乡	西掌	东掌小寨	114.036 3	35.727 25	286.8	欧美杨107号	Populus × canadensis	2	80	扦插
35	黄洞乡	烟岭沟	沱泉	114.069 6	35.735 31	256.7	欧美杨107号	Populus × canadensis	10	60	扦插
36	黄洞乡	石老公	土岭	114.103 3	35.715 92	209.2	欧美杨107号	Populus × canadensis	7	150	扦插
37	黄洞乡	石老公	石石沟	114.091 6	35.706 11	248.5	大红袍花椒	Zanthoxylum bungeanum	10	200	种子繁殖
38	黄洞乡	石老公	马坡	114.082 8	35.704 83	265.4	欧美杨107号	Populus × canadensis	8	40	扦插
39	黄洞乡	石老公	阴簊	114.078 7	35.701 72	281.1	大红袍花椒	Zanthoxylum bungeanum	10	100	种子繁殖
40	黄洞乡	温坡	温坡	114.063 7	35.693 86	280.2	大红袍花椒	Zanthoxylum bungeanum	10	300	种子繁殖
41	黄洞乡	温坡	古石沟	114.070 5	35.689 70	336.2	欧美杨107号	Populus × canadensis	7	100	扦插
42	黄洞乡	温坡	古石沟	114.070 4	35.689 72	335.3	花椒	Zanthoxylum bungeanum	12	500	种子繁殖
43	黄洞乡	温坡	桃胡泉	114.064 1	35.701 02	314.2	欧美杨107号	Populus × canadensis	9	60	扦插
44	黄洞乡	温坡	桃胡泉	114.064 6	35.699 43	335.6	花椒	Zanthoxylum bungeanum	12	80	嫁接

续表 3-10

序号	乡（镇、街道）	村	小地名	经度（°）	纬度（°）	海拔（m）	中文名	学名	树龄（年）	种群面积（亩）	繁殖方法
45	高村镇	花庄	浮山林场	114.218	35.734 92	144.8	欧美杨 107 号	*Populus × canadensis*	9	350	扦插
46	高村镇	花庄	浮山林场	114.215 8	35.732 46	110.1	欧美杨 107 号	*Populus × canadensis*	13	850	扦插
47	高村镇	礼合屯	礼合寨	114.219 5	35.751 14	106.3	槐	*Sophora japonica*	6	5	种子繁殖
48	高村镇	礼合屯	刷石沟	114.219 3	35.751 17	107.3	欧美杨 107 号	*Populus × canadensis*	10	10	扦插
49	高村镇	礼合屯	淇河南岸	114.209 2	35.749 03	99.41	欧美杨 107 号	*Populus × canadensis*	15	150	扦插
50	高村镇	礼合屯	淇河南岸	114.209 2	35.749 03	100.1	胡桃	*Juglans regia*	5	30	嫁接
51	高村镇	礼合屯	淇河南岸	114.209 2	35.749 03	103.9	侧柏	*Platycladus orientalis*	6	15	种子繁殖
52	高村镇	礼合屯	淇河南岸	114.209 2	35.749 03	107.9	槐	*Sophora japonica*	5	15	种子繁殖
53	高村镇	杨晋庄	杨庄	114.237 7	35.754 11	96.47	欧美杨 107 号	*Populus × canadensis*	10	40	扦插
54	高村镇	乡园艺场	浮山林场	114.228 8	35.738 12	118.6	侧柏	*Platycladus orientalis*	20	500	种子繁殖
55	高村镇	乡园艺场	浮山林场	114.228 7	35.735 90	111.3	桑树新品种7946	*Morus alba*	10	400	种子繁殖
56	高村镇	乡园艺场	浮山林场	114.231 6	35.737 87	126.3	构树	*Broussonetia papyrifera*	20	400	种子繁殖
57	高村镇	乡园艺场	浮山林场	114.232 0	35.737 88	120.9	柿	*Diospyros kaki*	0	150	嫁接
58	高村镇	花庄	浮山林场	114.206 8	35.725 94	100.4	胡桃	*Juglans regia*	9	150	嫁接
59	高村镇	漫流	浮山林场	114.234 9	35.722 30	66.99	欧美杨 107 号	*Populus × canadensis*	14	1 000	扦插
60	高村镇	花庄	浮山林场	114.206 8	35.725 94	99.72	欧美杨 107 号	*Populus × canadensis*	12	1 000	扦插
61	黄洞乡	全寨	庵上	114.088 6	35.771 72	288.8	花椒	*Zanthoxylum bunngeanum*	4	60	种子繁殖
62	黄洞乡	全寨	小蜂窝	114.092 0	35.770 92	289.8	花椒	*Zanthoxylum bunngeanum*	6	60	种子繁殖
63	黄洞乡	全寨	欧美杨	114.092 0	35.770 87	288.8	欧美杨 107 号	*Populus × canadensis*	6	30	扦插
64	黄洞乡	全寨	大蜂窝	114.089 3	35.765 55	306.8	欧美杨 107 号	*Populus × canadensis*	7	80	扦插
65	黄洞乡	温洞	温洞	114.089 9	35.787 24	251.9	欧美杨 107 号	*Populus × canadensis*	7	50	扦插
66	黄洞乡	温洞	大柏峪	114.103 6	35.792 47	205.2	花椒	*Zanthoxylum bunngeanum*	13	60	种子繁殖

续表 3-10

序号	乡(镇、街道)	村	小地名	经度 (°)	纬度 (°)	海拔 (m)	中文名	学名	树龄 (年)	种群面积 (亩)	繁殖方法
67	庙口镇	小岩沟	小岩沟	114.153 1	35.760 98	268.6	欧美杨 107 号	*Populus × canadensis*	6	20	扦插
68	庙口镇	土门	新窑	114.134 1	35.788 89	152.5	侧柏	*Platycladus orientalis*	20	40	种子繁殖
69	庙口镇	土门	新窑	114.139 8	35.786 33	148.6	欧美杨 107 号	*Populus × canadensis*	10	80	扦插
70	城关镇	石桥	水屯	114.192 9	35.571 20	52.09	欧美杨 107 号	*Populus × canadensis*	8	50	扦插
71	城关镇	南杨庄	南杨庄	114.195 3	35.585 18	50.55	二球悬铃木	*Platanus × acerifolia*	4	7	扦插
72	城关镇	南杨庄	南杨庄	114.195 3	35.585 18	50.31	花椒	*Zanthoxylum bunngeanum*	4	10	种子繁殖
73	城关镇	南杨庄	南杨庄	114.198 1	35.584 60	58.47	苹果	*Malus pumila*	6	10	嫁接
74	城关镇	南关	高铁西	114.188 4	35.583 13	49.54	桃	*Amygdalus persica*	6	50	嫁接
75	城关镇	南杨庄	南关	114.197 4	35.587 75	49.89	胡桃	*Juglans regia*	5	20	嫁接
76	城关镇	南关	南关	114.188 4	35.583 13	62.13	欧美杨 107 号	*Populus × canadensis*	10	35	扦插
77	庙口镇	土门	鲍庄	114.141 7	35.780 77	60.55	欧美杨 107 号	*Populus × canadensis*	7	100	扦插
78	黄洞乡	鲍洞庄	大鲍庄	114.127 7	35.771 95	200.5	桃	*Amygdalus persica*	2	15	嫁接
79	黄洞乡	鲍洞庄	范寨	114.136 7	35.769 63	201.0	花椒	*Zanthoxylum bunngeanum*	5	60	种子繁殖
80	黄洞乡	柳林	小鲍庄	114.123 5	35.767 45	139.5	欧美杨 107 号	*Populus × canadensis*	4	100	扦插
81	黄洞乡	烟岭沟	龙盘沟	114.064 1	35.733 86	267.3	欧美杨 107 号	*Populus × canadensis*	13	107	扦插
82	黄洞乡	烟岭沟	烟岭沟	114.064 1	35.733 86	278.3	花椒	*Zanthoxylum bunngeanum*	8	120	种子繁殖
83	黄洞乡	烟岭沟	烟岭沟	114.064 1	35.733 90	258.0	侧柏	*Platycladus orientalis*	12	150	种子繁殖
84	高村镇	礼合屯	浮山	114.217 3	35.739 90	160.4	构树	*Broussonetia papyrifera*	20	120	种子繁殖
85	高村镇	礼合屯	浮山	114.216 2	35.739 74	154.9	刺槐	*Robinia pseudoacacia*	8	80	种子繁殖
86	高村镇	礼合屯	浮山	114.215 9	35.739 65	142.8	槐	*Sophora japonica*	6	80	种子繁殖
87	高村镇	礼合屯	浮山	114.213 4	35.740 38	117.3	楸树	*Catalpa bungei*	2	80	种子繁殖
88	高村镇	花庄	花庄	114.208 3	35.724 89	97.77	欧美杨 107 号	*Populus × canadensis*	6	500	扦插

续表 3-10

序号	乡（镇、街道）	村	小地名	经度（°）	纬度（°）	海拔（m）	中文名	学名	树龄（年）	种群面积（亩）	繁殖方法
89	高村镇	花庄	小花庄	114.209 5	35.723 0	93.42	苹果	*Malus pumila*	6	3	嫁接
90	高村镇	花庄	陈庄	114.213 0	35.721 68	94.98	欧美杨107号	*Populus × canadensis*	7	20	扦插
91	高村镇	肖屯	陈庄	114.217 8	35.723 12	89.13	欧美杨107号	*Populus × canadensis*	7	30	扦插
92	庙口镇	王洞	贺家	114.180 2	35.788 29	106.5	构树	*Broussonetia papyrifera*	5	40	种子繁殖
93	庙口镇	王洞	贺家	114.180 2	35.788 29	110.9	胡桃	*Juglans regia*	0	30	嫁接
94	庙口镇	王洞	王滩	114.180 2	35.788 29	95.71	旱柳	*Salix matsudana*	7	20	扦插
95	庙口镇	王洞	王洞	114.180 2	35.788 29	100.6	欧美杨107号	*Populus × canadensis*	8	120	扦插
96	庙口镇	王洞	郭湾	114.189 2	35.780 69	108.3	欧美杨107号	*Populus × canadensis*	10	100	扦插
97	庙口镇	形盆	东形盆	114.175 2	35.778 30	120.1	欧美杨107号	*Populus × canadensis*	7	0	扦插
98	黄洞乡	温洞	大桥峪	114.097 0	35.800 04	276.9	欧美杨107号	*Populus × canadensis*	8	30	嫁接
99	黄洞乡	温洞	大桥峪	114.099 5	35.799 10	250.3	胡桃	*Juglans regia*	6	50	嫁接
100	黄洞乡	温洞	大桥峪	114.100 1	35.797 72	235.9	花椒	*Zanthoxylum bunngeanum*	7	50	种子繁殖
101	黄洞乡	约王店	约王店	114.006 7	35.709 62	972.5	油松	*Pinus tabuliformis*	23	0	种子繁殖
102	黄洞乡	约王店	上约王店	114.004 8	35.707 14	531.0	侧柏	*Platycladus orientalis*	20	200	种子繁殖
103	黄洞乡	约王店	上约王店	114.006 1	35.709 32	537.6	花椒	*Zanthoxylum bunngeanum*	12	180	种子繁殖
104	高村镇	石河岸	建业绿色基地	114.285 8	35.654 45	58.51	白杜	*Euonymus maackii*	6	50	种子繁殖
105	高村镇	石河岸	建业绿色基地	114.272 1	35.660 75	60.41	碧桃	*Amygdalus persica* 'Duplex'	5	100	嫁接
106	高村镇	冯庄	建业绿色基地	114.269 5	35.642 13	56.56	东京樱花	*Cerasus yedoensis*	6	150	扦插
107	高村镇	石河岸	建业绿色基地	114.272 1	35.660 75	0	西府海棠	*Malus micromalus*	3	30	扦插
108	高村镇	靳庄	建业绿色基地	114.273 9	35.641 27	58.16	木槿	*Hibiscus syriacus*	3	45	种子繁殖
109	高村镇	靳庄	建业绿色基地	114.274 0	35.641 43	57.46	海棠	*Malus spectabilis*	5	50	扦插
110	高村镇	靳庄	建业绿色基地	114.274 2	35.641 13	58.19	海棠	*Malus spectabilis*	3	50	扦插

续表 3-10

序号	乡（镇、街道）	村	小地名	经度（°）	纬度（°）	海拔（m）	中文名	学名	树龄（年）	种群面积（亩）	繁殖方法
111	高村镇	靳庄	建业绿色基地	114.274 7	35.641 12	58.46	一球悬铃木	*Platanus occidentalis*	6	30	扦插
112	高村镇	靳庄	建业绿色基地	114.274 6	35.641 13	58.31	紫叶李	*Prunus cerasifera* 'Pissardii'	5	110	嫁接
113	高村镇	靳庄	建业绿色基地	114.276 5	35.640 86	58.57	女贞	*Ligustrum lucidum*	3	50	种子繁殖
114	高村镇	靳庄	建业绿色基地	114.276 5	35.640 78	58.87	紫薇	*Lagerstroemia indicate*	6	50	扦插
115	高村镇	靳庄	建业绿色基地	114.279 2	35.643 12	62.89	碧桃	*Amygdalus persica* 'Duplex'	4	200	嫁接
116	高村镇	靳庄	建业绿色基地	114.281 3	35.643 51	61.23	'金叶'复叶槭	*Acer negundo*	5	400	种子繁殖
117	高村镇	靳庄	建业绿色基地	114.285 3	35.642 93	57.64	梅	*Armeniaca mume*	5	60	嫁接
118	高村镇	靳庄	建业绿色基地	114.285 0	35.646 05	60.99	毛白杨	*Populus tomentosa*	4	230	扦插
119	高村镇	靳庄	建业绿色基地	114.285 0	35.646 14	59.97	蜡梅	*Chimonanthus praecox*	4	180	扦插
120	高村镇	马圪垱	朱家	114.202 3	35.780 97	99.26	欧美杨108号	*Populus* × *canadensis*	0	0	扦插
121	庙口镇	马圪垱	马圪垱	114.204 3	35.773 45	121.1	欧美杨108号	*Populus* × *canadensis*	13	25	扦插
122	庙口镇	北大李庄	南沟	114.193 3	35.755 41	134.2	欧美杨107号	*Populus* × *canadensis*	0	0	扦插
123	高村镇	三里屯	三里屯	114.243 0	35.717 54	66.68	二球悬铃木	*Platanus* × *acerifolia*	4	15	扦插
124	高村镇	漫流	后贯	114.235 4	35.727 88	82.21	欧美杨107号	*Populus* × *canadensis*	9	60	扦插
125	高村镇	漫流	后贯	114.235 6	35.727 84	80.92	'清香'核桃	*Juglans regia*	6	13	嫁接
126	高村镇	漫流	漫流	114.234 5	35.718 97	80.08	欧美杨108号	*Populus* × *canadensis*	12	130	扦插
127	高村镇	县原种二场	县原种二场	114.232 5	35.708 02	74.34	欧美杨107号	*Populus* × *canadensis*	13	15	扦插
128	高村镇	鱼鱼坡	孙鱼坡	114.215 2	35.681 34	77.62	欧美杨107号	*Populus* × *canadensis*	7	15	扦插
129	高村镇	思德	思德	114.214 9	35.660 05	62.8	欧美杨107号	*Populus* × *canadensis*	8	100	扦插
130	庙口镇	三王庄	陈沟	114.175 5	35.752 03	155.7	欧美杨107号	*Populus* × *canadensis*	12	140	扦插
131	庙口镇	老庄	老庄	114.168 7	35.739 40	169.4	胡桃	*Juglans regia*	7	300	嫁接
132	庙口镇	山郭庄	秦庄	114.196 5	35.732 13	107.2	欧美杨107号	*Populus* × *canadensis*	12	100	扦插

续表 3-10

序号	乡（镇、街道）	村	小地名	经度（°）	纬度（°）	海拔（m）	中文名	学名	树龄（年）	种群面积（亩）	繁殖方法
133	庙口镇	山郭庄	双河村	114.185 6	35.728 89	97.74	欧美杨107号	*Populus × canadensis*	0	30	扦插
134	高村镇	万古	荀洼西地	114.187 2	35.726 68	115.0	苹果	*Malus pumila*	5	10	嫁接
135	高村镇	万古	荀洼	114.193 3	35.721 69	104.6	欧美杨107号	*Populus × canadensis*	8	40	扦插
136	庙口镇	庙口	白寺	114.134 9	35.712 56	173.7	侧柏	*Platycladus orientalis*	20	300	种子繁殖
137	高村镇	和尚庙	哑巴店	114.183 8	35.682 34	92.98	欧美杨108号	*Populus × canadensis*	6	0	扦插
138	高村镇	和尚庙	和尚庙	114.197 4	35.682 03	90.55	欧美杨107号	*Populus × canadensis*	7	50	扦插
139	高村镇	韩楼	太平庄	114.196 0	35.700 34	99.63	欧美杨108号	*Populus × canadensis*	7	20	扦插
140	庙口镇	东场	柳树沟	114.157 0	35.694 38	154.4	欧美杨107号	*Populus × canadensis*	6	100	扦插
141	庙口镇	东场	荆沟	114.155 0	35.696 24	153.7	侧柏	*Platycladus orientalis*	2	20	种子繁殖
142	庙口镇	东场	荆沟	114.155 1	35.696 03	150.2	'清香'核桃	*Juglans regia*	3	20	嫁接
143	庙口镇	东场	荆沟	114.158 9	35.696 21	129.3	欧美杨107号	*Populus × canadensis*	6	50	扦插
144	桥盟街道	大洼	大洼	114.142 6	35.643 22	114.3	樱桃	*Cerasus pseudocerasus*	4	40	嫁接
145	桥盟街道	大洼	大洼	114.142 3	35.643 31	113.5	桃	*Amygdalus persica*	4	110	嫁接
146	庙口镇	大洼	大洼	114.142 3	35.643 31	113.5	苹果	*Malus pumila*	4	37	嫁接
147	庙口镇	北史庄	郝庄	114.178 3	35.672 40	89.58	欧美杨108号	*Populus × canadensis*	7	60	扦插
148	桥盟街道	赵庄	小浮沱	114.125 5	35.668 04	185.9	油桃	*Amygdalus persica* var. *nectarine*	5	10	嫁接
149	桥盟街道	赵庄	赵庄	114.117 6	35.673 60	187.5	欧美杨107号	*Populus × canadensis*	7	60	扦插
150	桥盟街道	凉水泉	凉水泉	114.101 2	35.689 60	311.3	花椒	*Zanthoxylum bungeanum*	10	100	种子繁殖
151	桥盟街道	凉水泉	凉水泉	114.094 9	35.689 66	329.9	胡桃	*Juglans regia*	8	50	嫁接
152	庙口镇	鲍屯	南水北调渠道西侧	114.186 4	35.654 45	80.32	女贞	*Ligustrum lucidum*	5	200	扦插
153	庙口镇	下曹	下曹	114.178 4	35.667 53	87.19	欧美杨108号	*Populus × canadensis*	8	60	扦插
154	桥盟街道	小浮沱	山怀	114.140 2	35.658 30	151.5	欧美杨108号	*Populus × canadensis*	0	0	扦插

续表 3-10

序号	乡（镇、街道）	村	小地名	经度（°）	纬度（°）	海拔（m）	中文名	学名	树龄（年）	种群面积（亩）	繁殖方法
155	桥盟街道	小浮沱	山怀	114.139 5	35.657 76	161.6	石榴	*Punica granatum*	10	10	嫁接
156	桥盟街道	小浮沱	山怀	114.139 4	35.657 90	183.1	葫芦枣	*Zizypus jujuba* f. *lageniformis*	8	80	嫁接
157	桥盟街道	赵庄	东赵庄	114.110 7	35.668 96	193.3	花椒	*Zanthoxylum bunngeanum*	7	40	种子繁殖
158	桥盟街道	赵庄	东赵庄	114.110 7	35.668 98	194.0	胡桃	*Juglans regia*	8	100	嫁接
159	桥盟街道	赵庄	赵庄	114.094 0	35.668 86	224.6	榆树	*Ulmus pumila*	7	5	种子繁殖
160	桥盟街道	赵庄	赵庄	114.094 0	35.668 86	227.6	胡桃	*Juglans regia*	8	20	嫁接
161	桥盟街道	大石岩	大石岩	114.092 8	35.667 46	240.2	花椒	*Zanthoxylum bunngeanum*	8	30	嫁接
162	桥盟街道	大石岩	阴窝	114.061 9	35.666 01	355.5	花椒	*Zanthoxylum bunngeanum*	7	20	嫁接
163	桥盟街道	大石岩	阴窝	114.061 9	35.666 15	329.0	欧美杨108号	*Populus × canadensis*	5	10	扦插
164	庙口镇	白寺	老白寺	114.123 0	35.706 20	257.3	苹果	*Malus pumila*	8	20	嫁接
165	庙口镇	庙口	赤岩沟	114.134 6	35.705 98	213.6	七叶树	*Aesculus chinensis*	2	40	扦插
166	庙口镇	白寺	八十家	114.119 3	35.702 48	192.0	欧美杨107号	*Populus × canadensis*	10	100	扦插
167	庙口镇	葛箭	田沟	114.148 1	35.741 14	225.3	欧美杨108号	*Populus × canadensis*	8	80	扦插
168	庙口镇	葛箭	西葛箭	114.154 7	35.723 32	172.5	欧美杨108号	*Populus × canadensis*	9	30	扦插
169	庙口镇	葛箭	葛箭	114.160 2	35.719 68	150.2	欧美杨108号	*Populus × canadensis*	8	50	扦插
170	庙口镇	庙口	东南河	114.168 3	35.710 09	125.6	欧美杨108号	*Populus × canadensis*	8	60	扦插
171	庙口镇	仙谈岗	仙谈岗	114.155 0	35.701 94	181.1	侧柏	*Platycladus orientalis*	8	0	种子繁殖
172	庙口镇	东场	仙谈岗	114.152 2	35.699 83	195.8	楝	*Melia azedarach*	6	30	种子繁殖
173	庙口镇	仙谈岗	仙谈岗	114.153 1	35.700 65	183.4	欧美杨107号	*Populus × canadensis*	7	80	扦插
174	黄洞乡	鱼泉	鱼泉	114.114 6	35.721 40	183.3	侧柏	*Platycladus orientalis*	20	500	种子繁殖
175	黄洞乡	黄洞	双门沟	114.086 6	35.738 02	250.1	桃	*Amygdalus persica*	7	10	嫁接
176	黄洞乡	黄洞	双门沟	114.086 5	35.738 05	250.1	花椒	*Zanthoxylum bunngeanum*	7	5	种子繁殖

续表3-10

序号	乡(镇、街道)	村	小地名	经度(°)	纬度(°)	海拔(m)	中文名	学名	树龄(年)	种群面积(亩)	繁殖方法
177	黄洞乡	黄洞	双门沟	114.086 2	35.738 01	254.0	油桃	Amygdalus persica var. nectarine	7	80	嫁接
178	黄洞乡	黄洞	卧沟	114.096 7	35.728 54	219.8	胡桃	Juglans regia	7	100	嫁接
179	黄洞乡	黄洞	卧沟	114.097 0	35.728 35	214.0	侧柏	Platycladus orientalis	7	500	种子繁殖
180	黄洞乡	黄洞	黄洞	114.097 1	35.728 29	213.5	花椒	Zanthoxylum bungeanum	6	100	种子繁殖
181	高村镇	靳庄	靳庄	114.286 2	35.642 64	55.44	胡桃	Juglans regia	0	5	嫁接
182	高村镇	靳庄	靳庄	114.286 1	35.644 34	62.89	欧美杨107号	Populus × canadensis	5	100	扦插
183	高村镇	冯庄	冯庄	114.264 8	35.648 10	59.87	欧美杨107号	Populus × canadensis	6	8	扦插
184	高村镇	冯庄	贾子村东	114.252 5	35.649 42	64.28	旱柳	Salix matsudana	6	4	扦插
185	高村镇	冯庄	贾子村东	114.252 5	35.649 43	59.6	欧美杨107号	Populus × canadensis	5	200	扦插
186	高村镇	贾子	贾子	114.245 4	35.650 34	59.31	二球悬铃木	Platanus × acerifolia	4	1 000	扦插
187	高村镇	泥河	泥河	114.233 0	35.639 38	61.41	欧美杨108号	Populus × canadensis	6	100	扦插
188	桥盟街道	郭庄	思德河	114.233 9	35.637 34	67.09	白蜡	Fraxinus chinensis	3	120	扦插
189	桥盟街道	郭庄	思德河	114.233 8	35.637 38	63.3	石楠	Photinia serrulata	0	50	扦插
190	桥盟街道	郭庄	思德河	114.234 0	35.637 38	52.58	油松	Pinus tabuliformis	2	80	种子繁殖
191	桥盟街道	后张进	后张进	114.225 7	35.607 01	47.86	欧美杨2012	Populus × canadensis	7	4	扦插
192	高村镇	大屯	大屯	114.263 7	35.642 28	59.93	欧美杨108号	Populus × canadensis	4	100	扦插
193	高村镇	北小屯	小屯	114.251 4	35.639 76	57.06	欧美杨108号	Populus × canadensis	6	100	扦插
194	桥盟街道	董桥	董桥	114.235 6	35.633 09	54.27	胡桃	Juglans regia	0	20	嫁接
195	桥盟街道	董桥	董桥	114.235 5	35.633 10	50.62	欧美杨108号	Populus × canadensis	0	120	扦插
196	桥盟街道	郭庄	郭庄	114.225 8	35.633 65	53.87	欧美杨107号	Populus × canadensis	7	40	扦插
197	桥盟街道	吴寨	鹤淇大道	114.210 4	35.633 11	61.62	紫薇	Lagerstroemia indicate	4	60	扦插
198	桥盟街道	古烟	古烟	114.209 3	35.628 63	56.06	欧美杨108号	Populus × canadensis	5	10	扦插

续表 3-10

序号	乡（镇、街道）	村	小地名	经度（°）	纬度（°）	海拔（m）	中文名	学名	树龄（年）	种群面积（亩）	繁殖方法
199	桥盟街道	古烟	古烟村	114.209 3	35.628 63	55.69	桃	*Amygdalus persica*	6	30	嫁接
200	桥盟街道	越沟	南河沟	114.196 3	35.631 83	63.23	柿	*Diospyros kaki*	5	4	嫁接
201	桥盟街道	越沟	南河沟	114.196 4	35.631 90	63.26	桃	*Amygdalus persica*	5	5	嫁接
202	桥盟街道	七里堡	韦二路路北	114.198 9	35.638 64	60.96	胡桃	*Juglans regia*	5	2	嫁接
203	桥盟街道	黑龙庄	黑龙庄	114.174 3	35.647 38	82.75	胡桃	*Juglans regia*	3	2	嫁接
204	桥盟街道	红卫	红卫	114.179 7	35.644 25	81.45	欧美杨 107 号	*Populus × canadensis*	7	50	扦插
205	桥盟街道	桥盟	桥盟村	114.186 5	35.637 16	67.73	欧美杨 108 号	*Populus × canadensis*	8	150	扦插
206	桥盟街道	小浮沱	小浮沱	114.147 5	35.656 10	123.4	胡桃	*Juglans regia*	5	40	嫁接
207	桥盟街道	小浮沱	小浮沱	114.147 5	35.656 10	123.3	苹果	*Malus pumila*	0	7	嫁接
208	桥盟街道	小浮沱	小浮沱	114.147 3	35.656 03	121.5	爱宕梨	*Pyrus bretschenideri*	5	30	嫁接
209	桥盟街道	小浮沱	小浮沱	114.146 9	35.655 56	120.4	以色列软籽	*Punica granatum*	5	40	嫁接
210	桥盟街道	小淮	西地	114.161 9	35.643 48	95.36	构树	*Broussonetia papyrifera*	19	6	种子繁殖
211	桥盟街道	小淮	西地	114.163 0	35.642 51	87.53	李	*Prunus salicina*	3	25	嫁接
212	桥盟街道	小淮	小淮	114.162 7	35.637 03	84.18	栾树	*Koelreuteria paniculata*	4	20	种子繁殖
213	桥盟街道	小淮	小淮	114.162 5	35.637 19	83.38	红叶石楠	*Photinia × fraseri*	4	15	种子繁殖
214	桥盟街道	袁庄	袁庄	114.162 1	35.636 87	85.60	臭椿	*Ailanthus altissima*	5	10	种子繁殖
215	桥盟街道	袁庄	袁庄	114.161 6	35.636 81	84.70	紫叶李	*Prunus cerasifera* 'Pissardii'	5	3	嫁接
216	桥盟街道	袁庄	小淮	114.161 7	35.636 79	83.19	侧柏	*Platycladus orientalis*	5	20	种子繁殖
217	桥盟街道	黄庄	黄庄	114.128 3	35.619 79	113.2	栾树	*Koelreuteria paniculata*	5	100	种子繁殖
218	桥盟街道	黄庄	黄庄	114.127 4	35.620 31	113.5	桃	*Amygdalus persica*	6	20	嫁接
219	桥盟街道	黄庄	黄庄	114.127 7	35.619 92	108.3	欧美杨 107 号	*Populus × canadensis*	8	10	扦插
220	桥盟街道	小浮沱	小浮沱	114.138 9	35.649 50	138.2	枣	*Zizypus jujuba*	4	50	嫁接

续表 3-10

序号	乡（镇、街道）	村	小地名	经度（°）	纬度（°）	海拔（m）	中文名	学名	树龄（年）	种群面积（亩）	繁殖方法
221	桥盟街道	大洼	大洼	114.139 5	35.649 35	135.9	柿	Diospyros kaki	5	5	嫁接
222	桥盟街道	大洼	北四井	114.140 8	35.648 99	140.3	红灯	Cerasus pseudocerasus	5	2	嫁接
223	桥盟街道	南四井	南四井	114.125 8	35.637 57	145.5	胡桃	Juglans regia	4	10	嫁接
224	桥盟街道	南四井	南四井	114.125 8	35.637 39	144.6	豫枣 2 号（淇县无核枣）	Zizypus jujuba	20	30	嫁接
225	桥盟街道	南四井	南四井	114.126 0	35.637 32	143.3	杏	Armeniaca vulgaris	10	5	嫁接
226	桥盟街道	南四井	南四井	114.128 9	35.636 05	131.1	二球悬铃木	Platanus × acerifolia	2	5	扦插
227	桥盟街道	南四井	南四井	114.127 7	35.633 63	128.1	白梨	Pyrus bretschneideri	0	6	嫁接
228	桥盟街道	南四井	南四井	114.127 7	35.633 63	127.5	胡桃	Juglans regia	4	4	嫁接
229	桥盟街道	西杨庄	工业路北	114.140 8	35.627 90	90.02	桃	Amygdalus persica	10	7	嫁接
230	桥盟街道	西杨庄	工业路北	114.148 6	35.626 42	82.98	白皮松	Pinus bungeana	3	200	种子繁殖
231	桥盟街道	西杨庄	工业路北	114.151 0	35.625 92	83.33	白蜡	Fraxinus chinensis	3	200	种子繁殖
232	桥盟街道	西杨庄	西杨庄	114.150 8	35.625 91	91.45	栾树	Koelreuteria paniculata	3	60	种子繁殖
233	桥盟街道	关庄	东地	114.170 0	35.613 29	62.11	桃	Amygdalus persica	3	5	嫁接
234	桥盟街道	关庄	东地	114.170 4	35.613 25	62.42	胡桃	Juglans regia	3	22	嫁接
235	桥盟街道	关庄	东地	114.170 6	35.613 22	61.76	二球悬铃木	Platanus × acerifolia	3	2	扦插
236	桥盟街道	关庄	泉头	114.171 2	35.615 78	62.73	桃	Amygdalus persica	7	2	嫁接
237	桥盟街道	关庄	泉头	114.171 6	35.616 57	64.80	欧美杨 108 号	Populus × canadensis	8	60	扦插
238	桥盟街道	袁庄	袁庄西地	114.158 4	35.634 46	83.79	槐	Sophora japonica	3	15	种子繁殖
239	桥盟街道	袁庄	袁庄	114.158 7	35.634 92	84.70	白蜡	Fraxinus chinensis	3	100	种子繁殖
240	桥盟街道	袁庄	袁庄西地	114.158 6	35.634 85	84.64	白皮松	Pinus bungeana	5	10	种子繁殖
241	桥盟街道	袁庄	袁庄西地	114.158 2	35.634 90	87.50	红叶石楠	Photinia × fraseri	3	15	扦插

续表 3-10

序号	乡（镇、街道）	村	小地名	经度（°）	纬度（°）	海拔（m）	中文名	学名	树龄（年）	种群面积（亩）	繁殖方法
242	桥盟街道	袁庄	袁庄	114.157 9	35.634 29	88.85	栾树	*Koelreuteria paniculata*	3	10	种子繁殖
243	桥盟街道	袁庄	袁庄	114.157 7	35.627 06	67.00	欧美杨 107 号	*Populus × canadensis*	0	10	扦插
244	桥盟街道	西杨庄	杨庄	114.152 1	35.620 77	76.96	欧美杨 108 号	*Populus × canadensis*	8	40	扦插
245	桥盟街道	关庄	关庄西地	114.156 9	35.617 43	68.50	'辽宁 7 号'核桃	*Juglans regia*	6	45	嫁接
246	桥盟街道	关庄	关庄西地	114.157 3	35.616 73	63.22	油桃	*Amygdalus persica* var. *nectarine*	6	4	嫁接
247	桥盟街道	关庄	关庄	114.163 9	35.609 52	45.39	欧美杨 107 号	*Populus × canadensis*	0	40	扦插
248	北阳镇	油城	油城	114.055 0	35.644 78	472.9	桃	*Amygdalus persica*	3	5	嫁接
249	北阳镇	油城	油城	114.066 0	35.640 28	503.3	欧美杨 108 号	*Populus × canadensis*	6	200	扦插
250	北阳镇	油城	油城	114.069 4	35.638 65	523.1	白梨	*Pyrus bretschneideri*	50	200	嫁接
251	北阳镇	油城	油城	114.069 6	35.638 48	524.0	欧美杨 108 号	*Populus × canadensis*	8	30	扦插
252	北阳镇	北窑	大水头	114.077 3	35.636 44	469.7	山桃	*Amygdalus davidiana*	30	50	种子繁殖
253	北阳镇	北窑	大水头	114.080 6	35.638 92	366.8	野皂荚	*Gleditsia microphylla*	20	50	种子繁殖
254	北阳镇	北窑	油城	114.080 6	35.638 92	360.1	兰考泡桐	*Paulownia elongata*	10	50	扦插
255	北阳镇	北窑	大水头	114.083 8	35.641 27	301.7	欧美杨 108 号	*Populus × canadensis*	6	3	扦插
256	北阳镇	北窑	龙辰沟	114.087 6	35.642 74	289.9	'香玲'核桃	*Juglans regia*	8	40	嫁接
257	北阳镇	北窑	龙辰沟	114.087 6	35.642 70	283.1	侧柏	*Platycladus orientalis*	8	120	种子繁殖
258	北阳镇	北窑	大水头	114.096 3	35.638 34	219.9	大果榆	*Ulmus macrocarpa*	5	20	种子繁殖
259	北阳镇	北窑	大水头	114.097 5	35.637 61	210.0	欧美杨 107 号	*Populus × canadensis*	8	20	扦插
260	北阳镇	北窑	鹿台寺	114.099 1	35.633 02	196.2	野皂荚	*Gleditsia microphylla*	30	320	种子繁殖
261	北阳镇	北窑	鹿台寺	114.099 1	35.633 00	196.9	构树	*Broussonetia papyrifera*	25	300	种子繁殖
262	北阳镇	北窑	鹿台寺	114.099 1	35.632 99	196.5	侧柏	*Platycladus orientalis*	20	300	种子繁殖
263	北阳镇	北窑	鹿台寺	114.098 7	35.633 04	195.2	桑	*Morus alba*	15	20	种子繁殖

续表 3-10

序号	乡(镇、街道)	村	小地名	经度 (°)	纬度 (°)	海拔 (m)	中文名	学名	树龄 (年)	种群面积 (亩)	繁殖方法
264	北阳镇	北窑	鹿台寺	114.098 8	35.633 11	193.3	豫枣 2 号 (淇县无核枣)	Zizyphus jujuba	8	65	嫁接
265	北阳镇	北窑	大水头	114.105 1	35.631 33	196.8	李	Prunus salicina	2	200	嫁接
266	北阳镇	北窑	大水头	114.105 0	35.631 29	194.0	杏	Armeniaca vulgaris	2	122	嫁接
267	北阳镇	北窑	山头	114.109 9	35.627 07	164.6	侧柏	Platycladus orientalis	25	600	种子繁殖
268	北阳镇	北窑	山头	114.120 8	35.626 32	122.5	二球悬铃木	Platanus × acerifolia	6	10	扦插
269	北阳镇	北窑	山头	114.118 0	35.622 85	119.5	欧美杨 108 号	Populus × canadensis	7	100	扦插
270	北阳镇	西裴屯	大马庄	114.151 2	35.596 21	58.58	欧美杨 107 号	Populus × canadensis	6	210	扦插
271	桥盟街道	小马庄	小马庄	114.163 1	35.607 64	66.95	欧美杨 108 号	Populus × canadensis	11	20	扦插
272	北阳镇	青羊口	青羊口	114.103 6	35.604 77	127.7	'辽宁 7 号'核桃	Juglans regia	6	600	嫁接
273	北阳镇	青羊口	青羊口	114.100 7	35.606 18	135.9	曬桃	Amygdalus persica var. compressa	5	60	嫁接
274	北阳镇	青羊口	青羊口	114.100 8	35.606 08	131.6	侧柏	Platycladus orientalis	0	350	种子繁殖
275	北阳镇	青羊口	青羊口	114.101 5	35.605 96	125.5	白蜡	Fraxinus chinensis	6	10	种子繁殖
276	北阳镇	青羊口	青羊口	114.101 5	35.605 96	121.8	栾树	Koelreuteria paniculata	5	20	种子繁殖
277	北阳镇	青羊口	青羊口	114.102 7	35.605 51	120.9	'清香'核桃	Juglans regia	6	200	嫁接
278	北阳镇	青羊口	青羊口	114.102 3	35.608 49	120.4	欧美杨 108 号	Populus × canadensis	7	60	扦插
279	北阳镇	青羊口	河沟	114.106 3	35.609 10	116.5	欧美杨 108 号	Populus × canadensis	7	10	扦插
280	北阳镇	青羊口	青羊口	114.108 4	35.613 62	111.7	楸树	Catalpa bungei	10	30	种子繁殖
281	北阳镇	青羊口	青羊口	114.108 4	35.613 62	114.6	桃	Amygdalus persica	4	100	嫁接
282	北阳镇	北窑	北窑	114.110 6	35.616 88	130.2	侧柏	Platycladus orientalis	0	600	种子繁殖
283	北阳镇	北窑	漳河沟	114.103 7	35.621 45	157.6	榆树	Ulmus pumila	10	100	种子繁殖
284	北阳镇	北窑	漳河沟	114.103 5	35.621 47	165.4	欧美杨 108 号	Populus × canadensis	10	100	扦插

续表 3-10

序号	乡（镇、街道）	村	小地名	经度（°）	纬度（°）	海拔（m）	中文名	学名	树龄（年）	种群面积（亩）	繁殖方法
285	北阳镇	北峪	漳河沟	114.091 1	35.621 26	206.7	侧柏	*Platycladus orientalis*	20	500	种子繁殖
286	北阳镇	卧羊湾	漳河沟	114.091 6	35.619 43	187.4	欧美杨107号	*Populus × canadensis*	12	200	扦插
287	北阳镇	卧羊湾	卧羊湾	114.099 7	35.600 92	116.8	欧美杨107号	*Populus × canadensis*	6	100	扦插
288	北阳镇	小庄	小庄	114.125 8	35.587 12	68.40	桃	*Amygdalus persica*	6	30	嫁接
289	北阳镇	安钢农场	安钢农场	114.120 5	35.588 59	83.61	二球悬铃木	*Platanus × acerifolia*	5	130	扦插
290	北阳镇	小庄	小庄	114.121 7	35.588 70	82.79	桃	*Amygdalus persica*	5	2	嫁接
291	北阳镇	小庄	小庄	114.122 0	35.588 61	80.44	白蜡	*Fraxinus chinensis*	4	30	种子繁殖
292	北阳镇	小庄	小庄	114.122 0	35.588 60	77.23	紫叶李	*Prunus cerasifera* 'Pissardii'	5	10	扦插
293	北阳镇	小庄	小庄	114.122 0	35.588 63	75.13	樱桃	*Cerasus pseudocerasus*	4	4	嫁接
294	北阳镇	小庄	小庄	114.121 9	35.588 63	72.94	侧柏	*Platycladus orientalis*	2	4	种子繁殖
295	北阳镇	小庄	小庄	114.121 5	35.588 84	61.72	苹果	*Malus pumila*	2	5	嫁接
296	北阳镇	安钢农场	小庄	114.120 8	35.589 50	92.40	栾树	*Koelreuteria paniculata*	0	30	种子繁殖
297	北阳镇	安钢农场	高云线路北	114.120 7	35.589 40	96.31	二球悬铃木	*Platanus × acerifolia*	3	80	扦插
298	北阳镇	武庄	武庄	114.116 7	35.604 32	99.18	欧美杨108号	*Populus × canadensis*	7	40	扦插
299	北阳镇	武庄	武庄村东	114.118 3	35.600 86	86.88	欧美杨107号	*Populus × canadensis*	8	60	扦插
300	北阳镇	刘庄	刘庄	114.125 1	35.602 00	90.48	玉兰	*Magnolia denudata*	10	20	种子繁殖
301	北阳镇	刘庄	刘庄村西	114.125 1	35.602 00	92.72	雪松	*Cedrus deodara*	10	20	种子繁殖
302	北阳镇	刘庄	刘庄河沟	114.124 6	35.601 05	86.41	欧美杨107号	*Populus × canadensis*	6	50	扦插
303	北阳镇	武庄	武庄	114.129 8	35.599 44	81.95	槐	*Sophora japonica*	4	10	种子繁殖
304	北阳镇	武庄	武庄	114.128 6	35.598 13	80.99	杏	*Armeniaca vulgaris*	4	12	嫁接
305	北阳镇	武庄	武庄	114.128 5	35.598 18	79.11	苹果	*Malus pumila*	4	10	嫁接
306	北阳镇	武庄	武庄	114.128 3	35.598 27	79.80	桃	*Amygdalus persica*	4	20	嫁接

续表 3-10

序号	乡（镇、街道）	村	小地名	经度（°）	纬度（°）	海拔（m）	中文名	学名	树龄（年）	种群面积（亩）	繁殖方法
307	北阳镇	武庄	武庄	114.128 7	35.599 74	79.70	白梨	*Pyrus bretschneideri*	4	40	嫁接
308	北阳镇	西裴屯	南水北调渠道东侧	114.131 2	35.599 40	72.70	二球悬铃木	*Platanus × acerifolia*	2	300	扦插
309	北阳镇	北阳	北阳北地	114.136 6	35.596 18	70.27	'夏黑'葡萄	*Vitis vinifera*	3	30	嫁接
310	北阳镇	北阳	西裴屯西地	114.136 9	35.596 52	68.12	紫薇	*Lagerstroemia indicate*	2	2	嫁接
311	北阳镇	西裴屯	西裴屯	114.149 4	35.594 36	56.79	欧美杨107号	*Populus × canadensis*	7	60	扦插
312	北阳镇	南小屯	西裴屯	114.168 4	35.588 66	66.79	欧美杨108号	*Populus × canadensis*	10	150	扦插
313	北阳镇	北山门口	北山门口	114.100 1	35.599 04	122.6	侧柏	*Platycladus orientalis*	13	200	种子繁殖
314	北阳镇	北山门口	北山门口	114.101 2	35.594 51	119.8	欧美杨108号	*Populus × canadensis*	8	60	扦插
315	北阳镇	北山门口	南山门口	114.102 4	35.592 73	118.5	欧美杨108号	*Populus × canadensis*	7	80	扦插
316	北阳镇	衡门村	衡门南沟	114.094 0	35.581 79	96.77	欧美杨108号	*Populus × canadensis*	6	20	扦插
317	北阳镇	安钢农场	安钢农场	114.116 8	35.586 07	84.50	山楂	*Crataegus pinnatifida*	5	0	嫁接
318	北阳镇	安钢农场	安钢农场	114.114 3	35.584 64	87.04	侧柏	*Platycladus orientalis*	15	15	种子繁殖
319	北阳镇	安钢农场	安钢农场	114.114 9	35.583 60	83.41	白皮松	*Pinus bungeana*	6	70	种子繁殖
320	北阳镇	安钢农场	安钢农场	114.114 9	35.583 58	83.19	毛叶木瓜	*Chaenomeles cathayensis*	6	2	扦插
321	北阳镇	安钢农场	安钢农场	114.115 5	35.583 91	80.14	红叶石楠	*Photinia × fraseri*	5	30	扦插
322	北阳镇	上庄	南水北调	114.107 4	35.572 23	81.14	五角枫	*Acer pictum subsp. mono*	2	70	种子繁殖
323	北阳镇	上庄	南水北调	114.107 4	35.572 45	81.54	白杜	*Euonymus maackii*	2	20	种子繁殖
324	北阳镇	南阳	南阳	114.150 8	35.567 77	61.71	欧美杨108号	*Populus × canadensis*	0	200	扦插
325	北阳镇	北阳	南河沟	114.146 3	35.577 66	62.91	欧美杨108号	*Populus × canadensis*	8	400	扦插
326	北阳镇	北阳	朝歌山	114.156 3	35.581 71	66.16	香椿	*Toona sinensis*	2	4	嫁接
327	北阳镇	南小屯	朝歌山	114.157 1	35.583 54	65.43	樱桃	*Cerasus pseudocerasus*	4	150	嫁接
328	北阳镇	南小屯	朝歌山	114.157 1	35.583 47	66.78	白蜡	*Fraxinus chinensis*	1	5	种子繁殖

续表 3-10

序号	乡(镇、街道)	村	小地名	经度 (°)	纬度 (°)	海拔 (m)	中文名	学名	树龄 (年)	种群 面积 (亩)	繁殖方法
329	北阳镇	北阳	小屯	114.159 9	35.581 01	54.41	油桃	*Amygdalus persica* var. *nectarine*	4	100	嫁接
330	北阳镇	北阳	小屯	114.159 9	35.580 96	53.65	欧美杨108号	*Populus × canadensis*	6	50	扦插
331	北阳镇	高楼新庄	高楼新庄	114.164 7	35.579 05	55.09	欧美杨108号	*Populus × canadensis*	4	100	扦插
332	北阳镇	高楼新庄	县原种二场	114.173 4	35.582 14	50.48	白蜡	*Fraxinus chinensis*	4	30	种子繁殖
333	北阳镇	高楼新庄	县原种二场	114.173 4	35.582 16	41.61	女贞	*Ligustrum lucidum*	4	15	种子繁殖
334	北阳镇	十三里铺	南阳	114.158 5	35.557 68	55.08	白蜡	*Fraxinus chinensis*	5	500	种子繁殖
335	北阳镇	十三里铺	南阳	114.158 5	35.557 68	55.03	女贞	*Ligustrum lucidum*	5	50	种子繁殖
336	北阳镇	十三里铺	王庄高铁东	114.158 5	35.557 80	51.46	二球悬铃木	*Platanus × acerifolia*	0	1 000	扦插
337	北阳镇	骑河黄庄	骑河黄庄	114.168 3	35.529 66	50.81	欧美杨107号	*Populus × canadensis*	8	300	扦插
338	北阳镇	常屯	常屯	114.156 0	35.541 74	52.03	欧美杨107号	*Populus × canadensis*	7	500	扦插
339	北阳镇	常屯	常屯	114.160 2	35.543 84	56.56	欧美杨107号	*Populus × canadensis*	5	4	扦插
340	北阳镇	十三里铺	十三里铺	114.166 9	35.554 71	52.68	欧美杨107号	*Populus × canadensis*	8	15	扦插
341	北阳镇	南史庄	史庄村	114.178 0	35.568 93	55.89	欧美杨107号	*Populus × canadensis*	0	30	扦插
342	北阳镇	南史庄	南史庄	114.179 0	35.575 28	51.07	东京樱花	*Cerasus yedoensis*	5	10	扦插
343	北阳镇	南史庄	高铁东	114.177 2	35.573 38	51.67	紫薇	*Lagerstroemia indicate*	3	20	扦插
344	北阳镇	南史庄	高铁东	114.177 2	35.573 39	51.89	黄杨	*Buxus sinica*	5	20	扦插
345	北阳镇	南史庄	高铁东	114.176 4	35.573 56	50.09	木槿	*Hibiscus syriacus*	4	30	扦插
346	北阳镇	南史庄	南史庄	114.170 9	35.570 16	52.84	'清香'核桃	*Juglans regia*	5	5	嫁接
347	北阳镇	南史庄	南史庄	114.170 9	35.570 16	52.78	栾树	*Koelreuteria paniculata*	5	80	种子繁殖
348	北阳镇	南史庄	高铁东	114.170 9	35.570 17	52.60	二球悬铃木	*Platanus × acerifolia*	5	50	扦插
349	北阳镇	南史庄	高铁东	114.170 9	35.570 30	52.22	圆柏	*Sabina chinensis*	5	50	种子繁殖
350	北阳镇	南史庄	高铁东	114.170 2	35.570 94	41.24	合欢	*Albizzia julibrissin*	0	1	种子繁殖

续表 3-10

序号	乡(镇、街道)	村	小地名	经度(°)	纬度(°)	海拔(m)	中文名	学名	树龄(年)	种群面积(亩)	繁殖方法
351	北阳镇	南史庄	高铁东	114.170 3	35.570 85	42.59	楝	*Melia azedarach*	5	5	种子繁殖
352	北阳镇	南史庄	高铁东	114.179 0	35.575 28	53.30	女贞	*Ligustrum lucidum*	0	35	种子繁殖
353	北阳镇	南史庄	高铁东	114.170 3	35.570 97	47.25	楸树	*Catalpa bungei*	5	40	种子繁殖
354	北阳镇	南史庄	高铁东	114.170 3	35.571 03	46.49	栾树	*Koelreuteria paniculata*	5	4	种子繁殖
355	北阳镇	黄堆	黄堆	114.187 6	35.543 25	50.01	欧美杨107号	*Populus × canadensis*	8	900	扦插
356	北阳镇	良相	良相	114.193 9	35.539 39	50.15	欧美杨108号	*Populus × canadensis*	6	1 000	扦插
357	北阳镇	良相	良相	114.196 4	35.537 54	45.85	欧美杨107号	*Populus × canadensis*	7	20	扦插
358	北阳镇	东裴屯	东裴屯	114.201 1	35.537 29	46.94	欧美杨108号	*Populus × canadensis*	8	3	扦插
359	北阳镇	东裴屯	东裴屯	114.206 2	35.536 40	47.77	旱柳	*Salix matsudana*	10	2	扦插
360	北阳镇	东裴屯	东裴屯	114.206 2	35.536 41	49.26	欧美杨107号	*Populus × canadensis*	6	200	扦插
361	西冈镇	窦街	大车	114.242 2	35.592 31	45.01	曬桃	*Amygdalus persica* var. *compressa*	3	20	嫁接
362	西冈镇	大车	大车	114.254 6	35.597 19	83.77	欧美杨107号	*Populus × canadensis*	8	30	扦插
363	西冈镇	辛庄	辛庄	114.266 4	35.613 31	59.37	'清香'核桃	*Juglans regia*	5	6	嫁接
364	西冈镇	辛庄	辛庄	114.266 4	35.613 29	58.03	欧美杨107号	*Populus × canadensis*	8	5	扦插
365	西冈镇	纪庄	纪庄	114.267 1	35.610 79	57.61	欧美杨107号	*Populus × canadensis*	8	30	扦插
366	西冈镇	东关庄	余庄	114.235 9	35.617 22	53.87	胡桃	*Juglans regia*	5	5	嫁接
367	西冈镇	余庄	余庄	114.225 5	35.617 38	57.87	胡桃	*Juglans regia*	6	15	嫁接
368	西冈镇	余庄	余庄	114.225 8	35.617 60	49.90	欧美杨107号	*Populus × canadensis*	5	7	扦插
369	西冈镇	余庄	余庄	114.227 5	35.618 17	56.54	美国山核桃	*Carya illenoensis*	5	3	嫁接
370	桥盟街道	后张进	张进	114.228 5	35.612 53	49.46	'清香'核桃	*Juglans regia*	5	1	嫁接
371	桥盟街道	后张进	后张进	114.228 4	35.612 47	50.66	合欢	*Albizzia julibrissin*	4	1	种子繁殖
372	西冈镇	方寨	方寨河堤	114.288 1	35.623 72	56.04	欧美杨107号	*Populus × canadensis*	0	200	扦插
373	西冈镇	方寨	方寨河堤	114.288 5	35.626 93	49.99	紫薇	*Lagerstroemia indicate*	1	40	嫁接
374	西冈镇	方寨	方寨河堤	114.288 0	35.627 03	54.32	荷花玉兰	*Magnolia grandiflora*	1	40	种子繁殖

续表 3-10

序号	乡(镇、街道)	村	小地名	经度(°)	纬度(°)	海拔(m)	中文名	学名	树龄(年)	种群面积(亩)	繁殖方法
375	西岗镇	马庄	马庄河堤	114.288 1	35.628 11	52.69	欧美杨107号	Populus × canadensis	7	600	扦插
376	西岗镇	马庄	马庄河堤	114.289 3	35.629 37	54.29	欧美杨107号	Populus × canadensis	1	4	扦插
377	西岗镇	方寨	方寨	114.281 4	35.625 01	54.95	东京樱花	Cerasus yedoensis	4	1	嫁接
378	西岗镇	辛庄	迁民	114.259 2	35.621 18	54.13	二球悬铃木	Platanus × acerifolia	4	5	扦插
379	西岗镇	迁民	迁民	114.258 6	35.621 14	55.34	东京樱花	Cerasus yedoensis	4	3	嫁接
380	西岗镇	迁民	迁民	114.258 2	35.621 32	57.67	山茶	Camellia japonica	5	1	种子繁殖
381	西岗镇	迁民	迁民	114.257 2	35.621 31	59.17	银杏	Ginkgo biloba	2	2	种子繁殖
382	西岗镇	迁民	迁民	114.257 2	35.621 35	58.45	白蜡	Fraxinus chinensis	4	2	种子繁殖
383	西岗镇	迁民	迁民	114.257 2	35.621 39	56.59	栾树	Koelreuteria paniculata	4	2	种子繁殖
384	西岗镇	迁民	迁民	114.257 2	35.621 42	56.96	五角枫	Acer pictum subsp. mono	4	10	种子繁殖
385	西岗镇	迁民	迁民	114.255 8	35.621 61	53.61	刺槐	Robinia pseudoacacia	3	10	种子繁殖
386	西岗镇	迁民	迁民	114.255 8	35.621 63	53.02	山桃	Amygdalus davidiana	5	10	种子繁殖
387	西岗镇	迁民	迁民	114.255 8	35.621 60	53.18	木槿	Hibiscus syriacus	4	10	种子繁殖
388	西岗镇	迁民	迁民	114.255 3	35.621 65	56.50	紫叶李	Prunus cerasifera 'Pissardii'	5	25	嫁接
389	西岗镇	姜庄	河堤	114.244 8	35.609 76	49.79	欧美杨108号	Populus × canadensis	6	25	扦插
390	西岗镇	姜庄	姜庄	114.245 2	35.609 94	48.25	'香玲'核桃	Juglans regia	6	3	嫁接
391	西岗镇	姜庄	姜庄	114.250 3	35.608 11	51.96	欧美杨108号	Populus × canadensis	9	2	扦插
392	西岗镇	大车	罗园	114.264 0	35.602 29	49.83	欧美杨107号	Populus × canadensis	9	100	扦插
393	西岗镇	河口	河口	114.273 0	35.600 28	51.08	白蜡	Fraxinus chinensis	4	20	种子繁殖
394	西岗镇	河口	河口	114.271 1	35.599 29	56.72	栾树	Koelreuteria paniculata	3	40	种子繁殖
395	西岗镇	河口	河口	114.270 6	35.598 94	53.86	紫荆	Cercis chinensis	2	40	扦插
396	西岗镇	河口	河口	114.270 9	35.598 79	55.92	槐	Sophora japonica	5	60	种子繁殖
397	西岗镇	窦街	窦街	114.244 0	35.588 96	48.50	'辽宁7号'核桃	Juglans regia	7	80	嫁接
398	西岗镇	秦街	后地	114.252 4	35.585 86	52.58	欧美杨108号	Populus × canadensis	10	15	扦插

续表 3-10

序号	乡(镇、街道)	村	小地名	经度(°)	纬度(°)	海拔(m)	中文名	学名	树龄(年)	种群面积(亩)	繁殖方法
399	西岗镇	秦街	秦街	114.255 6	35.584 71	59.66	'清香'核桃	*Juglans regia*	5	5	嫁接
400	西岗镇	秦街	宋街东地	114.256 2	35.580 84	50.85	桃	*Amygdalus persica*	3	5	嫁接
401	西岗镇	郝街	后地	114.236 7	35.579 45	53.35	富士	*Malus pumila*	3	7	嫁接
402	西岗镇	秦街	宋街东地	114.255 2	35.580 97	54.17	'辽宁7号'核桃	*Juglans regia*	7	2	嫁接
403	西岗镇	西岗	西岗村	114.235 6	35.571 96	49.10	欧美杨107号	*Populus × canadensis*	8	6	扦插
404	西岗镇	沙窝	沙窝	114.242 5	35.562 63	56.14	槐	*Sophora japonica*	3	0	种子繁殖
405	西岗镇	刘拐庄	刘拐庄	114.234 0	35.556 93	48.65	'清香'核桃	*Juglans regia*	7	3	嫁接
406	西岗镇	三角屯	三角屯	114.260 6	35.565 21	56.62	欧美杨107号	*Populus × canadensis*	5	100	扦插
407	西岗镇	三角屯	卧鸾	114.260 3	35.560 03	52.00	富士	*Malus pumila*	3	2	嫁接
408	西岗镇	卧鸾	卧鸾淇河	114.258 6	35.558 12	58.12	欧美杨107号	*Populus × canadensis*	4	200	扦插
409	西岗镇	卧鸾	刘店寺淇河	114.259 2	35.554 80	51.19	欧美杨107号	*Populus × canadensis*	5	200	扦插
410	西岗镇	皇王庙	皇王庙淇河	114.262 8	35.544 34	44.13	欧美杨107号	*Populus × canadensis*	3	500	扦插
411	西岗镇	马湾	马湾淇河	114.260 1	35.541 21	49.49	欧美杨107号	*Populus × canadensis*	8	220	扦插
412	西岗镇	闫村	霍街淇河	114.255 1	35.534 48	55.75	欧美杨107号	*Populus × canadensis*	8	200	扦插
413	西岗镇	闫村	霍街淇河	114.254 7	35.533 98	58.76	'清香'核桃	*Juglans regia*	3	10	嫁接
414	西岗镇	霍街	霍街	114.339 3	35.734 22	59.26	欧美杨107号	*Populus × canadensis*	10	160	扦插
415	西岗镇	南大李庄	南大李庄	114.260 3	35.517 69	71.78	欧美杨107号	*Populus × canadensis*	8	200	扦插
416	西岗镇	康庄村	康庄	114.260 3	35.517 28	80.63	欧美杨107号	*Populus × canadensis*	8	200	扦插
417	西岗镇	臧口村	康庄	114.266 9	35.514 04	49.25	欧美杨107号	*Populus × canadensis*	4	200	扦插
418	西岗镇	石奶奶庙	共产主义渠	114.252 4	35.505 87	99.84	欧美杨107号	*Populus × canadensis*	7	300	扦插
419	黄洞乡	鲍庄	鲍庄	114.118 8	35.771 68	262.4	'清香'核桃	*Juglans regia*	5	20	嫁接
420	黄洞乡	鲍庄	鲍庄	114.122 5	35.771 23	231.4	'清香'核桃	*Juglans regia*	5	30	嫁接
421	黄洞乡	纣王店	纣王店	114.004 8	35.710 88	532.8	侧柏	*Platycladus orientalis*	16	120	种子繁殖

四、城镇绿化林木种质资源

淇县城镇绿化林木种质资源为51科92属130种(包括5个品种)。

城镇绿化树种以行道树和一些观赏乔灌木为主,观赏树种较为丰富的是北阳镇的安钢植物园以及淇县新政府公园。主要的行道树有国槐、女贞、悬铃木、栾树、白蜡、欧美杨,分布于各个道路;主要的观赏树种有樱花、木槿、紫薇、月季、紫叶李、石楠。淇县的绿化树种长势良好,特别是在淇县北阳镇的安钢植物园,栽培了一批国家二级保护植物以及一些新的树种,如刺楸、山白树、秤锤树、喜树、化香、糠椴、粗糠等。

淇县各乡镇城镇绿化林木种质资源统计见表3-11。

表3-11　淇县各乡镇城镇绿化林木种质资源统计

序号	乡(镇、街道)	科	属	种	品种	表格数
1	北阳镇	43	63	77	1	14
2	城关镇	38	61	76	2	18
3	高村镇	24	37	45	2	11
4	庙口镇	9	13	13	0	2
5	桥盟街道	34	58	73	2	24
6	西岗镇	9	11	13	3	11

五、非城镇"四旁"绿化林木种质资源

淇县非城镇"四旁"绿化林木种质资源为48科90属143种(包括22个品种)。

淇县非城镇"四旁"常见的树种有欧美杨、兰考泡桐、构树、榆树、臭椿、楝树。淇县适宜落叶乔木以及乡土树种生长,欧美杨、兰考泡桐、构树、臭椿、楝树、榆树易存活,成为非城镇"四旁"的主要绿化树种。

淇县各乡镇非城镇"四旁"绿化林木种质资源统计见表3-12。

表3-12　淇县各乡镇非城镇"四旁"绿化林木种质资源统计

序号	乡(镇、街道)	科	属	种	品种	表格数
1	北阳镇	33	54	68	10	32
2	城关镇	34	53	62	6	17
3	高村镇	29	45	58	4	39
4	黄洞乡	42	66	91	7	43
5	庙口镇	36	59	67	5	44
6	桥盟街道	32	54	67	8	31
7	西岗镇	33	51	58	10	34

六、优良品种林木种质资源

淇县优良品种林木种质资源为3科4属4种。

淇县各乡镇优良品种林木种质资源统计见表 3-13。

表 3-13 淇县各乡镇优良品种林木种质资源统计

序号	乡(镇)	科	属	种	品种	表格数
1	北阳镇	2	2	2	0	2
2	黄洞乡	1	1	1	0	2
3	庙口镇	1	1	1	0	4
4	西岗镇	2	2	2	0	2

七、重点保护和珍稀濒危树种资源

淇县在调查过程中发现重点保护植物 1 处,1 科 1 属 1 种。未发现珍稀濒危树种。

淇县重点保护树种统计见表 3-14。调查表见表 3-15。秤锤树图片见图 3-1。

表 3-14 淇县重点保护树种统计

乡(镇)	属	种	品种	表格数
北阳镇	1	1	0	1

表 3-15 重点保护和珍稀濒危树种调查表

调查单位:河南林业职业学院 G　　　　　　　　　　　　　　　　编号:06223g005

种质名称	秤锤树		种质学名		*Sinojackia xylocarpa*			
属	秤锤树属		科		安息香科		树龄(年)	25
淇县 县(区)		北阳镇 乡(镇、街道)		安钢农场 村		小地名		安钢
GPS 定位		E:114.116 58° N:35.582 95°				海拔(m)		81.85
种群数量	1~10	种群面积(亩)		0.10	分布方式	零星	生长环境	平地
伴生植物	乔木		油松					
	灌木							
	草本							
生长状况	生长势	胸径(cm)		树高(m)	枝下高(m)		冠幅(m)	生长状况
	最大	14		4.2	1.8		3	
	平均							
立地条件	坡向	无		坡位	平地		坡度	
	土壤类型	褐土		土壤厚度(cm)	30.00		肥力状况	肥沃
花果期	花期		2018 年 4 月 3 日		果实成熟期		2018 年 8 月 3 日	
病虫害情况		无			病虫害种类		无	
自然更新	好		人为活动	不频繁	受威胁状况		未受威胁	
可利用状况	□材用　□防护　☑观赏　□食用　□药用　□其他							

调查人:张新权,王留好,周亚爽　　　　　填表人:彭晓晓　　　　　调查日期:20180803

图 3-1 秤锤树

八、优良林分种质资源

淇县在调查过程中共调查优良林分 1 科 1 属 1 种。

淇县优良林分种质资源统计见表 3-16。

表 3-16 淇县优良林分种质资源统计

序号	乡镇	科	属	种	品种	表格数
1	黄洞乡	1	1	1	0	1
2	庙口镇	1	1	1	0	2

淇县各乡镇优良林分种质资源见表 3-17。

九、优良单株种质资源

优良单株种质资源调查共完成 7 张调查表,发现 3 科 4 属 4 种。

淇县各乡镇优良单株种质资源统计见表 3-18。

淇县优良单株种质资源见表 3-19。

十、收集保存林木种质资源

淇县收集保存林木种质资源调查共完成 9 张调查表,发现 8 科 8 属 8 种。

淇县收集保存林木种质资源统计见表 3-20。

表 3-17   淇县各乡镇优良林分种质资源

序号	乡（镇）	村	小地名	经度 (°)	纬度 (°)	海拔 (m)	植被类型	中文名	学名
1	庙口镇	庙口	夺丰水库	114.14	35.719	183.7	针叶林	侧柏	*Platycladus orientalis*
2	黄洞乡	烟岭沟	烟岭沟	114.06	35.734	279.6	针阔混交林	侧柏	*Platycladus orientalis*
3	庙口镇	北大李庄	大李庄	114.19	35.773	157.6	针阔混交林	侧柏	*Platycladus orientalis*

序号	林龄 （年）	平均枝下高 （m）	平均冠幅 （m）	平均胸径 （cm）	平均树高 （m）	郁闭度	树种组成
1	30	1	4.3	47	7.1	0.8	侧柏,荆条,楝树
2	20	1.4	1.6	10	4.9	0.5	侧柏,酸枣,荆条
3	20	2	2.5	9	5.8	0.7	侧柏,荆条,酸枣

表 3-18   淇县各乡镇优良单株种质资源统计

序号	乡（镇）	科	属	种	品种	表格数
1	北阳镇	2	2	2	0	2
2	黄洞乡	1	1	1	0	1
3	庙口镇	1	1	1	0	2
4	西岗镇	2	2	2	0	2

十一、古树名木资源

古树是指树龄达到 100 年以上的各种树木,名木是指具有历史意义、文化科学意义或其他社会影响而闻名的树木。古树名木是中华大地的绿色瑰宝,是民族文化历史悠久的象征,对其实施有效的保护,不仅对发扬民族文化传统、保护生态环境和风景资源有一定的作用,同时也对挖掘乡土树种、绿化树种选择和规划具有重要的意义。

淇县古树名木资源调查中,共记载古树名木 57 株,7 科 10 属 11 种。淇县北阳镇油城村有白梨古树群 1 处。

淇县古树群资源统计见表 3-21。

淇县古树群资源分布见表 3-22。

淇县各乡镇古树名木资源统计见表 3-23。

淇县古树名木资源分布见表 3-24。

淇县林木种质资源名录见表 3-25。

表3-19 淇县优良单株种质资源

序号	乡（镇）	村	小地名	经度（°）	纬度（°）	海拔（m）	中文名	学名	胸径（cm）	树高（m）	枝下高（m）	冠幅（m）	树种组成
1	庙口镇	庙口	夺丰水库	114.141	35.718 57	185.89	侧柏	*Platycladus orientalis*	55	7	1.6	5	侧柏,荆条,楝树
2	黄洞乡	烟岭沟	烟岭沟	114.064	35.733 86	317.35	侧柏	*Platycladus orientalis*	11	6	1.5	2.5	侧柏,酸枣,荆条
3	庙口镇	北大李庄	西山	114.193	35.773 00	158.27	侧柏	*Platycladus orientalis*		1.8	1.8	3	侧柏,荆条,酸枣
4	北阳镇	十三里铺	王庄	114.158	35.557 38	53.62	白蜡	*Fraxinus chinensis*	12	7	2	4	白蜡
5	北阳镇	南史庄	高铁东	114.171	35.570 18	52.95	圆柏	*Sabina chinensis*	25	4		2	圆柏
6	西岗镇	河口	河口	114.273	35.600 35	50.99	白蜡	*Fraxinus chinensis*		3.5	2.5	2	白蜡
7	西岗镇	河口	河口	114.277	35.599 25	57.00	栾树	*Koelreuteria paniculata*	6	5.5	3	4	栾树

表 3-20　淇县收集保存林木种质资源统计

序号	乡(镇)	科	属	种	品种	表格数
1	北阳镇	6	6	6	0	6
2	黄洞乡	2	2	2	0	3

表 3-21　淇县古树群资源统计

序号	乡(镇)	科	属	种	表格数
1	北阳镇	1	1	1	1

表 3-22　淇县古树群资源分布

序号	乡(镇)	村	经度(°)	纬度(°)	海拔(m)	古树群株数	中文名	学名	平均年龄(年)	平均胸径(cm)	平均树高(m)	平均冠幅(m)	生长势
1	北阳镇	油城	114.05	35.6	502	10	白梨	*Pyrus bretschneideri*	220	45	7	7	旺盛

表 3-23　淇县各乡镇古树名木资源统计

乡(镇、街道)	科	属	种	品种	表格数
北阳镇	4	5	6	0	15
城关镇	1	1	1	0	1
高村镇	2	3	3	0	7
黄洞乡	5	7	7	0	16
庙口镇	2	3	3	0	5
桥盟街道	4	4	4	0	9
西岗镇	4	5	4	0	7

表 3-24　淇县古树名木资源分布

序号	中文名	学名	别名	科	属	树龄(年)	保护级别	小地名	树高(m)	胸围(cm)
1	梨	*Pyrus* spp.		蔷薇科	梨属	230	三级	北阳镇油城村	6	172
2	国槐	*Sophora japonica* L.	黑槐	豆科	槐属	500	一级	朝歌街道办事处下关村朝歌路北段路侧	11	240

续表 3-24

序号	中文名	学名	别名	科	属	树龄	保护级别	小地名	树高（m）	胸围（cm）
3	国槐	*Sophora japonica* L.	黑槐	豆科	槐属	350	二级	桥盟街道办事处郭庄村	8	210
4	国槐	*Sophora japonica* L.	黑槐	豆科	槐属	350	二级	桥盟街道办事处桥盟村中路侧	8	280
5	龙柏	*Platycladus orientalis*	柏树	柏科	侧柏属	1 500	一级	卫都街道办事处大洼村朝阳寺佛洞顶	8	95
6	侧柏	*Platycladus orientalis*	柏树	柏科	侧柏属	120	三级	桥盟街道办事处古烟村关爷庙里	14	107
7	国槐	*Sophora japonica* L.	黑槐	豆科	槐属	800	一级	卫都街道办事处黑龙庄村东井侧	11.5	310
8	桧柏	*Sabina chinensis* （L.）Ant	圆柏	柏科	圆柏属	420	二级	高村镇新乡屯村镇政府院内	11	190
9	桧柏	*Sabina chinensis* （L.）Ant	圆柏	柏科	圆柏属	420	二级	高村镇新乡屯村镇政府院内	12	160
10	皂荚	*Gleditsia sinensis* Lam.	皂角	豆科	皂荚属	110	三级	高村镇石河岸村申义堂院东侧	15	214
11	国槐	*Sophora japonica* L.	黑槐	豆科	槐属	220	三级	高村镇高村葛玉彩老院、牛银生院前	12.5	210
12	国槐	*Sophora japonica* L.	黑槐	豆科	槐属	120	三级	高村镇三里屯村贾培德院西侧	9	120
13	国槐	*Sophora japonica* L.	黑槐	豆科	槐属	120	三级	高村镇高村段泽保院内	10.5	223

续表 3-24

序号	中文名	学名	别名	科	属	树龄	保护级别	小地名	树高（m）	胸围（cm）
14	皂荚	*Gleditsia sinensis* Lam.	皂角	豆科	皂荚属	300	二级	北阳镇上庄村李保林院内	18	270
15	皂荚	*Gleditsia sinensis* Lam.	皂角	豆科	皂荚属	300	二级	北阳镇上庄村村中路南	6	400
16	侧柏	*Platycladus orientalis*	柏树	柏科	侧柏属	380	二级	北阳镇卧羊湾村山顶	5.7	93
17	国槐	*Sophora japonica* L.	黑槐	豆科	槐属	360	二级	北阳镇良相村裴迁广门前	8	288
18	国槐	*Sophora japonica* L.	黑槐	豆科	槐属	300	二级	北阳镇刘庄村王西明老院中	7	210
19	国槐	*Sophora japonica* L.	黑槐	豆科	槐属	260	三级	北阳镇衡门村李荣生门前	7	242
20	梨	*Pyrus* spp.		蔷薇科	梨属	300	二级	北阳镇油城村西沟	6.5	155
21	梨	*Pyrus* spp.		蔷薇科	梨属	230	三级	北阳镇油城村西沟	6	192
22	皂荚	*Gleditsia sinensis* Lam.	皂角	豆科	皂荚属	280	三级	北阳镇武庄村庙西路边	14	192
23	国槐	*Sophora japonica* L.	黑槐	豆科	槐属	300	二级	西岗镇马庄村关帝庙前	5.5	240
24	侧柏	*Platycladus orientalis*	柏树	柏科	侧柏属	300	二级	西岗镇方寨村火神庙前	13	130
25	侧柏	*Platycladus orientalis*	柏树	柏科	侧柏属	300	二级	西岗镇方寨村火神庙前	13	130
26	国槐	*Sophora japonica* L.	黑槐	豆科	槐属	120	三级	西岗镇闫村中心超市对面	7	200
27	皂荚	*Gleditsia sinensis* Lam.	皂角	豆科	皂荚属	110	三级	西岗镇三角屯村东头苏广军家门前	17	340
28	国槐	*Sophora japonica* L.	黑槐	豆科	槐属	500	一级	庙口镇王洞村赵水群房后	9	246

续表 3-24

序号	中文名	学名	别名	科	属	树龄	保护级别	小地名	树高（m）	胸围（cm）
29	皂荚	*Gleditsia sinensis* Lam.	皂角	豆科	皂荚属	110	三级	庙口镇北史庄村赵国旗老家	16	226
30	侧柏	*Platycladus orientalis*	柏树	柏科	侧柏属	230	三级	庙口镇原本庙村老坑边南	12	123
31	侧柏	*Platycladus orientalis*	柏树	柏科	侧柏属	230	三级	庙口镇原本庙村老坑边北	12.5	133
32	皂荚	*Gleditsia sinensis* Lam.	皂角	豆科	皂荚属	120	三级	庙口镇王洞村王滩自然村王喜林房后	14	186
33	侧柏	*Platycladus orientalis*	柏树	柏科	侧柏属	1 000	一级	黄洞乡鲍庄村村南	9.5	197
34	侧柏	*Platycladus orientalis*	柏树	柏科	侧柏属	400	二级	黄洞乡柳林村老爷庙前	14	160
35	侧柏	*Platycladus orientalis*	柏树	柏科	侧柏属	400	二级	黄洞乡柳林村老爷庙前	12	140
36	皂荚	*Gleditsia sinensis* Lam.	皂角	豆科	皂荚属	400	二级	黄洞乡小柏峪村村中间闫二喜门前	7	360
37	皂荚	*Gleditsia sinensis* Lam.	皂角	豆科	皂荚属	300	二级	黄洞乡黄洞村村中间韩合生院侧	13	190
38	国槐	*Sophora japonica* L.	槐抱椿	豆科	槐属	500	一级	黄洞乡东掌村驼泉	14	270
39	板栗	*Castanea mollissima*		壳斗科	栗属	350	二级	黄洞乡纣王殿村小水库南坡上	13.5	307
40	板栗	*Castanea mollissima*		壳斗科	栗属	350	二级	黄洞乡纣王殿村小水库南坡上	13	315
41	青檀	*Pteroceltis tatarinowii*	翼朴	榆科	青檀属	230	三级	黄洞乡石老公自然村	13	113
42	青檀	*Pteroceltis tatarinowii*	翼朴	榆科	青檀属	220	三级	黄洞乡石老公自然村	15	148

续表 3-24

序号	中文名	学名	别名	科	属	树龄	保护级别	小地名	树高（m）	胸围（cm）
43	朴树	*Celtis sinensis*	抱马树	榆科	朴属	200	三级	黄洞乡纣王殿自然村	12.5	94
44	黄连木	*Pistacia chinensis*	黄楝树	漆树科	黄连木属	170	三级	黄洞乡全寨村小蜂窝自然村	13	213
45	侧柏	*Platycladus orientalis*	黄柏	柏科	侧柏属	210	三级	黄洞乡全寨村小蜂窝自然村	14	105
46	侧柏	*Platycladus orientalis*	黄柏	柏科	侧柏属	300	二级	黄洞乡全寨村小蜂窝冯家祖坟	12	236
47	皂荚	*Gleditsia sinensis* Lam.	皂角	豆科	皂荚属	200	三级	黄洞乡全寨村小蜂窝冯长民院中	16	275
48	杜梨	*Pyrus betulaefolia* Bunge		蔷薇科	梨属	156	三级	北阳镇黄堆村东头庙前	10	122
49	杜梨	*Pyrus betulaefolia* Bunge		蔷薇科	梨属	113	三级	北阳镇黄堆村东头庙前	15	172
50	侧柏	*Platycladus orientalis*	黄柏	柏科	侧柏属	122	三级	黄洞乡柳林村老爷庙前	12.5	111
51	侧柏	*Platycladus orientalis*	黄柏	柏科	侧柏属	300	二级	黄洞乡柳林村台庙前	11	145
52	国槐	*Sophora japonica* L.	黑槐	豆科	槐属	136	三级	高村镇高村任河科院内	13	195
53	酸枣	*Ziziphus jujuba* var. *spinosa*		鼠李科	枣属	280	三级	北阳镇山头村火神庙前	4.9	120
54	梨	*Pyrus* spp		蔷薇科	梨属	230	三级	北阳镇油城村西沟	6	163
55	国槐	*Sophora japonica* L.	黑槐	豆科	槐属	125	三级	高村镇三里屯村贾海军宅基地	8.2	195
56	皂荚	*Gleditsia sinensis* Lam.	皂角	豆科	皂荚属	160	三级	卫都街道办事处大洼村	8.2	210
57	国槐	*Sophora japonica* L.	黑槐	豆科	槐属	600	一级	灵山街道办事处南四井村关帝庙前	7.5	235

表 3-25　淇县林木种质资源名录

序号	科	属	中文名	学名
1	银杏科	银杏属	银杏	*Ginkgo biloba*
2	松科	云杉属	云杉	*Picea asperata*
3	松科	雪松属	雪松	*Cedrus deodara*
4	松科	松属	白皮松	*Pinus bungeana*
5	松科	松属	油松	*Pinus tabuliformis*
6	松科	松属	黑松	*Pinus thunbergii*
7	柏科	侧柏属	侧柏	*Platycladus orientalis*
8	柏科	圆柏属	圆柏	*Sabina chinensis*
9	柏科	圆柏属	龙柏	*Sabina chinensis* 'Kaizuca'
10	柏科	刺柏属	刺柏	*Juniperus formosana*
11	杨柳科	杨属	毛白杨	*Populus tomentosa*
12	杨柳科	杨属	小叶杨	*Populus simonii*
13	杨柳科	杨属	欧洲大叶杨	*Populus candicans*
14	杨柳科	杨属	黑杨	*Populus nigra*
15	杨柳科	杨属	加杨	*Populus × canadensis*
16	杨柳科	杨属	欧美杨 107 号	*Populus × canadensis*
17	杨柳科	杨属	欧美杨 108 号	*Populus × canadensis*
18	杨柳科	杨属	欧美杨 2012	*Populus × canadensis*
19	杨柳科	柳属	旱柳	*Salix matsudana*
20	杨柳科	柳属	'豫新'柳	*Salix matsudana*
21	杨柳科	柳属	馒头柳	*Salix matsudana* f. *umbraculifera*
22	杨柳科	柳属	垂柳	*Salix babylonica*
23	胡桃科	化香树属	化香树	*Platycarya strobilacea*
24	胡桃科	枫杨属	枫杨	*Pterocarya stenoptera*
25	胡桃科	胡桃属	胡桃	*Juglans regia*
26	胡桃科	胡桃属	'辽宁 7 号'核桃	*Juglans regia*
27	胡桃科	胡桃属	'绿波'核桃	*Juglans regia*
28	胡桃科	胡桃属	'清香'核桃	*Juglans regia*
29	胡桃科	胡桃属	'香玲'核桃	*Juglans regia*
30	胡桃科	胡桃属	野胡桃	*Juglans cathayensis*
31	胡桃科	胡桃属	胡桃楸	*Juglans mandshurica*
32	胡桃科	山核桃属	美国山核桃	*Carya illenoensis*
33	桦木科	鹅耳枥属	鹅耳枥	*Carpinus turczaninowii*
34	壳斗科	栗属	茅栗	*Castanea seguinii*
35	壳斗科	栎属	栓皮栎	*Quercus variabilis*
36	壳斗科	栎属	麻栎	*Quercus acutissima*

续表 3-25

序号	科	属	中文名	学名
37	壳斗科	栎属	槲栎	*Quercus aliena*
38	榆科	榆属	大果榆	*Ulmus macrocarpa*
39	榆科	榆属	榆树	*Ulmus pumila*
40	榆科	榆属	'豫杂 5 号'白榆	*Ulmus pumila*
41	榆科	榆属	中华金叶榆	*Ulmus pumila* 'Jinye'
42	榆科	榆属	黑榆	*Ulmus davidiana*
43	榆科	榆属	旱榆	*Ulmus glaucescens*
44	榆科	榆属	榔榆	*Ulmus parvifolia*
45	榆科	刺榆属	刺榆	*Hemiptelea davidii*
46	榆科	榉树属	榉树	*Zelkova serrata*（Thunb.）Makino
47	榆科	榉树属	大果榉	*Zelkova sinica*
48	榆科	朴属	大叶朴	*Celtis koraiensis*
49	榆科	朴属	小叶朴	*Celtis bungeana*
50	榆科	朴属	珊瑚朴	*Celtis julianae*
51	榆科	朴属	朴树	*Celtis tetrandra* subsp. *sinensis*
52	榆科	青檀属	青檀	*Pteroceltis tatarinowii*
53	桑科	桑属	华桑	*Morus cathayana*
54	桑科	桑属	桑	*Morus alba*
55	桑科	桑属	桑树新品种 7946	*Morus alba*
56	桑科	桑属	花叶桑	*Morus alba* 'Laciniata'
57	桑科	桑属	蒙桑	*Morus mongolica*
58	桑科	桑属	山桑	*Morus mongolica* var. *diabolica*
59	桑科	桑属	鸡桑	*Morus australis*
60	桑科	构属	构树	*Broussonetia papyrifera*
61	桑科	榕属	无花果	*Ficus carica*
62	桑科	柘树属	柘树	*Cudrania tricuspidata*
63	毛茛科	芍药属	牡丹	*Paeonia suffruticosa*
64	毛茛科	铁线莲属	钝萼铁线莲	*Clematis peterae*
65	毛茛科	铁线莲属	粗齿铁线莲	*Clematis grandidentata*
66	毛茛科	铁线莲属	短尾铁线莲	*Clematis brevicaudata*
67	毛茛科	铁线莲属	太行铁线莲	*Clematis kirilowii*
68	毛茛科	铁线莲属	狭裂太行铁线莲	*Clematis kirilowii* var. *chanetii*
69	毛茛科	铁线莲属	大叶铁线莲	*Clematis heracleifolia*
70	木通科	木通属	三叶木通	*Akebia trifoliata*
71	小檗科	小檗属	紫叶小檗	*Berberis thunbergii* 'Atropurpurea'
72	小檗科	南天竹属	南天竹	*Nandina domestica*
73	防己科	蝙蝠葛属	蝙蝠葛	*Menispermum dauricum*

续表 3-25

序号	科	属	中文名	学名
74	木兰科	木兰属	荷花玉兰	*Magnolia grandiflora*
75	木兰科	木兰属	望春玉兰	*Magnolia biondii*
76	木兰科	木兰属	玉兰	*Magnolia denudata*
77	木兰科	木兰属	武当玉兰	*Magnolia sprengeri*
78	蜡梅科	蜡梅属	蜡梅	*Chimonanthus praecox*
79	樟科	樟属	樟树	*Cinnamomum camphora*
80	樟科	山胡椒属（钓樟属）	山橿	*Lindera Umbellata* var. *latifolium*
81	虎耳草科	溲疏属	大花溲疏	*Deutzia grandiflora*
82	虎耳草科	溲疏属	小花溲疏	*Deutzia parviflora*
83	虎耳草科	溲疏属	溲疏	*Deutzia scabra Thunb*
84	虎耳草科	山梅花属	太平花	*Philadelphus pekinensis*
85	虎耳草科	山梅花属	山梅花	*Philadelphus incanus*
86	虎耳草科	山梅花属	毛萼山梅花	*Philadelphus dasycalyx*
87	海桐科	海桐属	海桐	*Pittosporum tobira*
88	金缕梅科	山白树属	山白树	*Sinowilsonia henryi*
89	杜仲科	杜仲属	杜仲	*Eucommia ulmoides*
90	悬铃木科	悬铃木属	一球悬铃木	*Platanus occidentalis*
91	悬铃木科	悬铃木属	二球悬铃木	*Platanus × acerifolia*
92	蔷薇科	绣线菊属	土庄绣线菊	*Spiraea pubescens*
93	蔷薇科	绣线菊属	毛花绣线菊	*Spiraea dasynantha*
94	蔷薇科	绣线菊属	中华绣线菊	*Spiraea chinensis*
95	蔷薇科	绣线菊属	疏毛绣线菊	*Spiraea hirsuta*
96	蔷薇科	绣线菊属	麻叶绣线菊	*Spiraea cantoniensis*
97	蔷薇科	绣线菊属	三裂绣线菊	*Spiraea trilobata*
98	蔷薇科	绣线菊属	绣球绣线菊	*Spiraea blumei*
99	蔷薇科	绣线菊属	小叶绣球绣线菊	*Spiraea blumei* var. *microphylla*
100	蔷薇科	白鹃梅属	红柄白鹃梅	*Exochorda giraldii*
101	蔷薇科	枸子属	西北枸子	*Cotoneaster zabelii*
102	蔷薇科	火棘属	火棘	*Pyracantha frotuneana*
103	蔷薇科	山楂属	山楂	*Crataegus pinnatifida*
104	蔷薇科	石楠属	石楠	*Photinia serrulata*
105	蔷薇科	石楠属	红叶石楠	*Photinia × fraseri*
106	蔷薇科	枇杷属	枇杷	*Eriobotrya japoñica*
107	蔷薇科	花楸属	北京花楸	*Sorbus discolor*
108	蔷薇科	花楸属	花楸树	*Sorbus pohuashanensis*
109	蔷薇科	木瓜属	皱皮木瓜	*Chaenomeles speciosa*
110	蔷薇科	木瓜属	毛叶木瓜	*Chaenomeles cathayensis*

续表 3-25

序号	科	属	中文名	学名
111	蔷薇科	木瓜属	木瓜	*Chaenomeles sisnesis*
112	蔷薇科	梨属	豆梨	*Pyrus calleryana*
113	蔷薇科	梨属	白梨	*Pyrus bretschneideri*
114	蔷薇科	梨属	爱宕梨	*Pyrus bretschneideri*
115	蔷薇科	梨属	晚秋黄梨	*Pyrus bretschneideri*
116	蔷薇科	梨属	杜梨	*Pyrus betulaefolia*
117	蔷薇科	苹果属	垂丝海棠	*Malus halliana*
118	蔷薇科	苹果属	苹果	*Malus pumila*
119	蔷薇科	苹果属	富士	*Malus pumila*
120	蔷薇科	苹果属	海棠花	*Malus spectabilis*
121	蔷薇科	苹果属	西府海棠	*Malus micromalus*
122	蔷薇科	悬钩子属	山莓	*Rubus corchorifolius*
123	蔷薇科	悬钩子属	粉枝莓	*Rubus biflorus*
124	蔷薇科	悬钩子属	茅莓	*Rubus parvifolius*
125	蔷薇科	悬钩子属	弓茎悬钩子	*Rubus flosculosus*
126	蔷薇科	蔷薇属	月季	*Rosa chinensis*
127	蔷薇科	蔷薇属	野蔷薇	*Rosa multiflora*
128	蔷薇科	蔷薇属	黄刺玫	*Rosa xanthina*
129	蔷薇科	蔷薇属	刺梗蔷薇	*Rosa corymbulosa*
130	蔷薇科	桃属	榆叶梅	*Amygdalus triloba*
131	蔷薇科	桃属	山桃	*Amygdalus davidiana*
132	蔷薇科	桃属	桃	*Amygdalus persica*
133	蔷薇科	桃属	'中桃 21 号'桃	*Amygdalus persica*
134	蔷薇科	桃属	黄金蜜桃 1 号	*Rosaceae*
135	蔷薇科	桃属	油桃	*Amygdalus persica* var. *nectarine*
136	蔷薇科	桃属	蟠桃	*Amygdalus persica* var. *compressa*
137	蔷薇科	桃属	碧桃	*Amygdalus persica* 'Duplex'
138	蔷薇科	杏属	杏	*Armeniaca vulgaris*
139	蔷薇科	杏属	山杏	*Armeniaca sibirica*
140	蔷薇科	杏属	梅	*Armeniaca mume*
141	蔷薇科	李属	紫叶李	*Prunus cerasifera* 'Pissardii'
142	蔷薇科	李属	李	*Prunus salicina*
143	蔷薇科	樱属	樱桃	*Cerasus pseudocerasus*
144	蔷薇科	樱属	红灯	*Cerasus pseudocerasus*
145	蔷薇科	樱属	'红叶'樱花	*Cerasus pseudocerasus*
146	蔷薇科	樱属	东京樱花	*Cerasus yedoensis*
147	蔷薇科	樱属	日本晚樱	*Cerasus serrulata* var. *lannesiana*

续表 3-25

序号	科	属	中文名	学名
148	蔷薇科	樱属	欧李	*Cerasus hummilis*
149	豆科	合欢属	山槐	*Albizzia kalkora*
150	豆科	合欢属	合欢	*Albizzia julibrissin*
151	豆科	皂荚属	皂荚	*Gleditsia sinensis*
152	豆科	皂荚属	野皂荚	*Gleditsia microphylla*
153	豆科	紫荆属	紫荆	*Cercis chinensis*
154	豆科	紫荆属	加拿大紫荆	*Cercis Canadensis*
155	豆科	槐属	槐	*Sophora japonica*
156	豆科	槐属	龙爪槐	*Sophora japonica* var. *pndula*
157	豆科	槐属	五叶槐	*Sophora japonica* 'Oligophylla'
158	豆科	香槐属	小花香槐	*Cladrastis delavayi*
159	豆科	木蓝属	多花木蓝	*Indigofera amblyantha*
160	豆科	木蓝属	木蓝	*Indigofera tinctoria*
161	豆科	木蓝属	河北木蓝	*Indigofera bungeana*
162	豆科	紫穗槐属	紫穗槐	*Amorpha fruticosa*
163	豆科	紫藤属	紫藤	*Wisteria sirensis*
164	豆科	刺槐属	刺槐	*Robinia pseudoacacia*
165	豆科	刺槐属	'黄金'刺槐	*Robinia pseudoacacia*
166	豆科	锦鸡儿属	红花锦鸡儿	*Caragana rosea*
167	豆科	锦鸡儿属	锦鸡儿	*Caragana sinica*
168	豆科	胡枝子属	胡枝子	*Lespedzea bicolor*
169	豆科	胡枝子属	兴安胡枝子	*Lespedzea davcerica*
170	豆科	胡枝子属	多花胡枝子	*Lespedzea floribunda*
171	豆科	胡枝子属	长叶铁扫帚	*Lespedzea caraganae*
172	豆科	胡枝子属	赵公鞭	*Lespedzea hedysaroides*
173	豆科	胡枝子属	截叶铁扫帚	*Lespedzea cuneata*
174	豆科	胡枝子属	阴山胡枝子	*Lespedzea inschanica*
175	豆科	杭子梢属	白花杭子梢	*Campylotropis macrocarpa f. alba*
176	豆科	杭子梢属	杭子梢	*Campylotropis macrocarpa*
177	豆科	葛属	葛	*Pueraria montana*
178	芸香科	吴茱萸属	吴茱萸	*Tetradium ruticarpum*
179	芸香科	吴茱萸属	臭檀吴萸	*Tetradium daniellii*
180	芸香科	花椒属	竹叶花椒	*Zanthoxylum armatum*
181	芸香科	花椒属	花椒	*Zanthoxylum bunngeanum*
182	芸香科	花椒属	大红袍花椒	*Zanthoxylum bunngeanum*
183	芸香科	花椒属	青花椒	*Zanthoxylum schinifolium*
184	苦木科	苦木属	苦木	*Picrasma quassioides*

续表 3-25

序号	科	属	中文名	学名
185	苦木科	臭椿属(樗属)	臭椿	*Ailanthus altissima*
186	苦木科	臭椿属(樗属)	'白皮千头'椿	*Ailanthus altissima*
187	楝科	香椿属	香椿	*Toona sinensis*
188	楝科	楝属	楝	*Melia azedarach*
189	大戟科	白饭树属	一叶萩	*Flueggea suffruticosa*
190	大戟科	雀儿舌头属	雀儿舌头	*Leptopus chinensis*
191	大戟科	重阳木属	重阳木	*Bischofia polycarpa*
192	大戟科	乌桕属	乌桕	*Sapium sebifera*
193	黄杨科	黄杨属	黄杨	*Buxus sinica*
194	黄杨科	黄杨属	小叶黄杨	*Buxus sinica* var. *parvifolia*
195	漆树科	黄连木属	黄连木	*Pistacia chinensis*
196	漆树科	盐肤木属	盐肤木	*Rhus chinensis*
197	漆树科	盐肤木属	火炬树	*Rhus Typhina*
198	漆树科	漆属	漆树	*Toxicodendron vernicifluum*（Stokes) F. A. Barkl.
199	漆树科	黄栌属	粉背黄栌	*Cotinus coggygria* var. *glaucophylla*
200	漆树科	黄栌属	毛黄栌	*Cotinus coggygria* var. *pubescens*
201	漆树科	黄栌属	红叶	*Cotinus coggygria* var. *cinerea*
202	冬青科	冬青属	冬青	*Ilex chinensis*
203	冬青科	冬青属	枸骨	*Ilex cornuta*
204	卫矛科	卫矛属	卫矛	*Euonymus alatus*
205	卫矛科	卫矛属	白杜	*Euonymus maackii*
206	卫矛科	卫矛属	冬青卫矛	*Euonymus japonicus*
207	卫矛科	南蛇藤属	南蛇藤	*Celastrus orbiculatus*
208	卫矛科	南蛇藤属	短梗南蛇藤	*Celastrus rosthornianus*
209	卫矛科	南蛇藤属	苦皮藤	*Celastrus angulatus*
210	卫矛科	南蛇藤属	哥兰叶	*Celastrus gemmatus*
211	槭树科	槭属	元宝槭	*Acer truncatum*
212	槭树科	槭属	五角枫	*Acer pictum* subsp. *mono*
213	槭树科	槭属	鸡爪槭	*Acer Palmatum*
214	槭树科	槭属	三角槭	*Acer buergerianum*
215	槭树科	槭属	秦岭槭	*Acer tsinglingense*
216	槭树科	槭属	梣叶槭	*Acer negundo*
217	槭树科	槭属	'金叶'复叶槭	*Acer negundo*
218	七叶树科	七叶树属	七叶树	*Aesculus chinensis*
219	无患子科	栾树属	栾树	*Koelreuteria paniculata*
220	无患子科	栾树属	黄山栾树	*Koelreuteria bipinnata* 'Integrifoliola'

续表 3-25

序号	科	属	中文名	学名
221	鼠李科	雀梅藤属	对刺雀梅藤	*Sageretia pycnophylla*
222	鼠李科	雀梅藤属	少脉雀梅藤	*Sageretia paucicostata*
223	鼠李科	鼠李属	卵叶鼠李	*Rhamnus bungeana*
224	鼠李科	鼠李属	锐齿鼠李	*Rhamnus arguta*
225	鼠李科	鼠李属	薄叶鼠李	*Rhamnus leptophylla*
226	鼠李科	枳椇属	北枳椇	*Hovenia dulcis*
227	鼠李科	勾儿茶属(牛儿藤属)	多花勾儿茶	*Berchemia floribunda*
228	鼠李科	勾儿茶属(牛儿藤属)	勾儿茶	*Berchemia sinica*
229	鼠李科	枣属	枣	*Zizypus jujuba*
230	鼠李科	枣属	豫枣 2 号 (淇县无核枣)	*Ziziphus jujuba*
231	鼠李科	枣属	酸枣	*Ziziphus jujuba* var. *spinosa*
232	鼠李科	枣属	葫芦枣	*Ziziphus jujuba* f. *lageniformis*
233	鼠李科	枣属	龙爪枣	*Ziziphus jujuba* 'Tortuosa'
234	葡萄科	葡萄属	变叶葡萄	*Vitis piasezkii*
235	葡萄科	葡萄属	毛葡萄	*Vitis heyneana*
236	葡萄科	葡萄属	葡萄	*Vitis vinifera*
237	葡萄科	葡萄属	'夏黑'葡萄	*Vitis vinifera*
238	葡萄科	葡萄属	山葡萄	*Vitis amurensis*
239	葡萄科	葡萄属	华东葡萄	*Vitis pseudoreticulata*
240	葡萄科	蛇葡萄属	蓝果蛇葡萄	*Ampelopsis bodinieri*
241	葡萄科	蛇葡萄属	掌裂蛇葡萄	*Ampelopsis delavayana* var. *glabra*
242	葡萄科	蛇葡萄属	乌头叶蛇葡萄	*Ampelopsis aconitifolia*
243	葡萄科	地锦属(爬山虎属)	地锦	*Parthenocissus tricuspidata*
244	葡萄科	地锦属(爬山虎属)	五叶地锦	*Parthenocissus quinquefolia*
245	椴树科	椴树属	辽椴	*Tilia mandshurica*
246	椴树科	椴树属	南京椴	*Tilia miqueliana*
247	椴树科	椴树属	蒙椴	*Tilia mongolica*
248	椴树科	椴树属	华东椴	*Tilia japonica*
249	椴树科	扁担杆属	扁担杆	*Grewia biloba*
250	椴树科	扁担杆属	小花扁担杆	*Grewia biloba* var. *parvifolia*
251	锦葵科	木槿属	木槿	*Hibiscus syriacus*
252	梧桐科	梧桐属	梧桐	*Firmiana platanifolia*
253	猕猴桃科	猕猴桃属	中华猕猴桃	*Actinidia chinensis*
254	山茶科	山茶属	山茶	*Camellia japonica*
255	千屈菜科	紫薇属	紫薇	*Lagerstroemia indicate*
256	石榴科	石榴属	石榴	*Punica granatum*

续表 3-25

序号	科	属	中文名	学名
257	石榴科	石榴属	范村软籽	*Punica granatum*
258	石榴科	石榴属	河阴软籽	*Punica granatum*
259	石榴科	石榴属	以色列软籽	*Punica granatum*
260	石榴科	石榴属	月季石榴	*Punica granatum* 'Nana'
261	石榴科	石榴属	黄石榴	*Punica granatum* 'Flavescens'
262	蓝果树科	喜树属	喜树	*Camptotheca acuminata*
263	八角枫科	八角枫属	八角枫	*Alangium chinense*
264	八角枫科	八角枫属	瓜木	*Alangium platanifolium*
265	五加科	刺楸属	刺楸	*Kalopanax septemlobus*
266	山茱萸科	梾木属	毛梾	*Swida walteri* Wanger
267	山茱萸科	山茱萸属	山茱萸	*Cornus officinalis*
268	柿树科	柿树属	柿	*Diospyros kaki*
269	柿树科	柿树属	八瓣红	*Diospyros kaki*
270	柿树科	柿树属	'博爱八月黄'柿	*Diospyros kaki*
271	柿树科	柿树属	'七月燥'柿	*Diospyros kaki*
272	柿树科	柿树属	君迁子	*Diospyros lotus*
273	野茉莉科	秤锤树属	秤锤树	*Sinojackia xylocarpa*
274	木樨科	白蜡树属	小叶白蜡	*Fraxinus chinensis*
275	木樨科	白蜡树属	白蜡	*Fraxinus chinensis*
276	木樨科	连翘属	连翘	*Forsythia Suspensa*
277	木樨科	连翘属	金钟花	*Forsythia viridissima*
278	木樨科	丁香属	北京丁香	*Syringa pekinensis*
279	木樨科	丁香属	暴马丁香	*Syringa reticulata* var. *mardshurica*
280	木樨科	丁香属	华北丁香	*Syringa oblata*
281	木樨科	丁香属	紫丁香	*Syringa julianae*
282	木樨科	木樨属	木樨	*Osmanthus fragrans*
283	木樨科	流苏树属	流苏树	*Chionanthus retusus*
284	木樨科	女贞属	女贞	*Ligustrum lucidum*
285	木樨科	女贞属	平抗1号 金叶女贞	*Ligustrum lucidum*
286	木樨科	女贞属	小叶女贞	*Ligustrum quihoui*
287	木樨科	茉莉属(素馨属)	迎春花	*Jasminum nudiflorum*
288	夹竹桃科	夹竹桃属	夹竹桃	*Nerium indicum*
289	夹竹桃科	络石属	络石	*Trachelospermum jasminoides*
290	萝藦科	杠柳属	杠柳	*Periploca sepium*
291	紫草科	厚壳树属	粗糠树	*Ehretia macrophylla*
292	马鞭草科	紫珠属	白棠子树	*Callicarpa dichotoma*

续表 3-25

序号	科	属	中文名	学名
293	马鞭草科	紫珠属	日本紫珠	*Callicarpa japonica*
294	马鞭草科	牡荆属	黄荆	*Vitex negundo*
295	马鞭草科	牡荆属	牡荆	*Vitex negundo* var. *cannabifolia*
296	马鞭草科	牡荆属	荆条	*Vitex negundo* var. *heterophylla*
297	马鞭草科	大青属(桢桐属)	臭牡丹	*Clerodendrum bungei*
298	马鞭草科	大青属(桢桐属)	海州常山	*Clerodendrum trichotomum*
299	马鞭草科	莸属	三花莸	*Caryopteris terniflora*
300	唇形科	香薷属	柴荆芥	*Elsholtzia stauntoni*
301	茄科	枸杞属	枸杞	*Lycium chinense*
302	玄参科	泡桐属	毛泡桐	*Paulownia tomentosa*
303	玄参科	泡桐属	兰考泡桐	*Paulownia elongata*
304	玄参科	泡桐属	楸叶泡桐	*Paulownia catalpifolia*
305	紫葳科	梓树属	梓树	*Catalpa voata*
306	紫葳科	梓树属	楸树	*Catalpa bungei*
307	紫葳科	梓树属	灰楸	*Catalpa fargesii*
308	紫葳科	凌霄属	凌霄	*Campasis grandiflora*
309	茜草科	野丁香属	薄皮木	*Leptodermis oblonga*
310	茜草科	鸡矢藤属	鸡矢藤	*Paederia scandens*
311	忍冬科	接骨木属	接骨木	*Sambucus wiliamsii*
312	忍冬科	荚蒾属	陕西荚蒾	*Viburnum schensianum*
313	忍冬科	荚蒾属	蒙古荚蒾	*Viburnum mongolicum*
314	忍冬科	荚蒾属	荚蒾	*Viburnum dilatatum*
315	忍冬科	荚蒾属	鸡树条荚蒾	*Viburnum opulus* var. *calvescens*
316	忍冬科	六道木属	六道木	*Abelia biflora*
317	忍冬科	忍冬属	苦糖果	*Lonicera fragrantissima* subsp. *standishii*
318	忍冬科	忍冬属	忍冬	*Lonicera japonica*
319	忍冬科	忍冬属	金银花	*Lonicera japonica*
320	菊科	蚂蚱腿子属	蚂蚱腿子	*Myripnois dioica*
321	禾本科	刚竹属	刚竹	*Phyllostachys bambusoides*
322	禾本科	刚竹属	淡竹	*Phyllostachys glauca*
323	百合科	丝兰属	凤尾丝兰	*Yucca gloriosa*
324	百合科	菝葜属	短梗菝葜	*Smilax scobinicaulis*
325	百合科	菝葜属	菝葜	*Smilax china*
326	百合科	菝葜属	鞘柄菝葜	*Smilax stans*

第三节 淇县特色林木种质资源

一、无核枣

淇县无核枣又名"豫枣 2 号"，是鹤壁市特色经济林品种之一，曾获得 2019 北京世园会优质果品大赛优秀奖。

淇县无核枣(豫枣 2 号)属鼠李科枣属，为淇县特产的名优枣树品种。1980 年由河南省林业厅、省科委、省农科院、山西果树研究所等单位的专家共同评定为"可作为河南省的一个新的优良品种发展与推广"，取名"软核蜜枣"；2001 年 11 月，经河南省林木良种审定委员会审定命名为"豫枣 2 号"。

图 3-2 无核枣

分布区域与栽培历史：淇县无核枣栽培历史悠久，曾为周朝贡品，主要分布在淇县西部低山丘陵地带的桥盟办事处、灵山办事处、北阳镇、庙口镇，总面积 5 000 余亩。

生物学特性：无核枣属喜光树种，树势强健，生长势较强，比之一般枣树分枝角度小；嫁接后 2 年结果，5 年进入盛果期，5 年生枣树单株结果 12.6 kg，最高可达 15 kg，坐果率高，无僵裂现象；且耐旱、耐涝、耐瘠薄，易管理，平原沙地以及干旱瘠薄的丘陵山区都可栽植，尤以肥沃的沙质土壤生长良好。

物候期：该枣 5 月中旬开花，5 月下旬至 6 月中旬为盛花期，6 月中旬至 7 月中旬为盛果期，9 月中旬成熟。

果实性状与市场前景：无核枣为中型果，圆筒形，单果平均重 6.84 g。鲜果赤褐，含糖量 36.5%，脆甜爽口，果核退化，成一木栓化薄皮；干枣深红色，肉厚皮薄，掰开果肉可拉出 10 cm 长金丝，绵甜如饴，富含多种营养物质，品质极优。市场前景看好，目前产区每千克鲜果价达 10~20 元，干果每千克达 30~60 元，是丘陵山区群众发展经济林的首选品种。

多年来，淇县人民政府十分重视无核枣的发展，将其作为经济林的主导产品，引导、扶持山丘区农民大力发展，出台了一系列优惠政策和措施，鼓励和支持山区群众发展经济林生产，促进山区群众增收致富。为打造精品，进一步起到示范带动作用，以淇县联发种植农民专业合作社、裕丰果业合作社、联众果业种植合作社等龙头企业为基础，造林投资 900 多万元，建立了 1 000 亩无核枣生产示范基地，示范带动全县发展无核枣 5 000 余亩。

淇县无核枣相传为周朝贡品，因枣核退化而得名，枣核变薄变脆，可随果肉同食。淇县无核枣含糖量高，品质优良，历来受人们所喜爱，实为枣中佳品。淇县无核枣果实味美，营养丰富,既可鲜食,又可制干。鲜食时肉脆味美。半干时,掰开果肉可拉出 10 cm 长的金丝,吃起来甜糯适口。枣果含有丰富的营养物质。经化验分析,鲜枣含糖 36.5%、维生素 C 76.6 mg/100 g、钙 588 mg/kg、铁 9.36 mg/kg、锌 2.94 mg/kg、粗蛋白 2.04%,制干率达 56%。在酸枣资源丰富的地区,也可采用坐地嫁接建园。需要注意的是,嫁接前最好先选好砧木,提前一年在其周围断根并剔除其他植株。嫁接方法以春季劈接和皮下接成活率较高。

无核枣具有鲜明的土特产风格,需求量很大,货源奇缺,供不应求,价格是普通大枣的 5~7 倍,随着人们生活水平的不断提高,需求量越来越大,产品销售市场前景广阔。

无核枣适应性强,耐旱、耐贫瘠,结果早,收益快,寿命长,易管理。在干旱土薄的山丘地区,坡上坡下均能正常生长结果,一般嫁接幼树 2 年结果,4 年生幼树单株结果 4.8 kg,7 年生枣树单株结果 12.6 kg,最高单株可达到 24 kg。现有近百年生大树,枝叶繁茂,结果累累,株产可达 50~100 kg,一年栽植,多年受益,故有"铁杆庄稼"之称。

淇县无核枣主要栽培技术要点如下:

(1)栽植密度。无核枣为喜光树种,以宽行密株栽植为宜。一般行距 4~6 m,株距 2.5~3 m,每亩 33~66 株。为了早期丰产,可适当密植,按株行距(2~3)m × 3 m 栽植,每亩栽植 74~111 株。

(2)栽植时期。淇县无核枣春秋两季均可栽植,近几年实践证明,秋季栽植成活率更有保证。

(3)栽植技术和要求。栽植时要选用良种壮苗,苗木根系要求发达完整,保证有 3~6 条侧根,长度在 20 cm 左右,苗高在 1 m 左右,地径在 1 cm 以上,无病虫害。

栽植前,要挖 80 cm 见方的栽植坑,如果土质过于黏重,或者石粒含量过大,要加大挖坑范围,换土改良。栽植前必须施入足量有机肥和少量化肥,以提高土壤肥力。一般每穴施有机肥 50~100 kg,磷肥 1~2 kg。施入肥料后,先浇水,待土壤下沉后再栽植。

苗木在栽植前先浸泡一昼夜,使根系吸足水分,然后蘸上泥浆,按照"两踏三埋一提苗"的栽植方法栽植。在山丘水利条件差的地方,苗木栽植后及时用地膜覆盖,可提高地温,保持土壤水分,促进苗木根系生长提高栽植成活率。在日常管理中,要注意对出现枣疯病的植株及时拔除销毁,并注意对叶蝉、介壳虫进行防治。

二、大红袍花椒

淇县黄洞乡温坡村大红袍花椒种植历史悠久,有着上千年的历史,可追溯到明清时期。据淇县县志记载,早在清道光年间,温坡村的花椒种植已颇具规模。由于地理环境、气候等原因,当地花椒味道浓郁,以"穗大粒多、皮厚肉丰、色泽鲜艳、香味浓郁、麻味适中"的特点深受各地商人的青睐。到了每年 8 月,温坡村的山山峁峁,一片片郁郁葱葱的花椒树为石山披上了绿装,红得诱人的花椒果散发着浓郁的麻香,沁人心脾。花椒果的椒皮鲜红,仿佛一抹娇艳的仙霞;崩裂而出的花椒籽黑油油的,像极了神秘的黑色珍珠。成熟的鲜红椒果香味扑鼻,用指甲一掐,竟有一股椒油流出,这就是"大红袍"的奇特之处。同样的种子,出了温坡村,在别的地方结出的椒果颜色发乌、麻香味减淡、连椒油都挤不出。村民们说,温坡村花椒之所以饱满、漂亮,是因为它们是花椒仙子的化身,花椒仙子就曾住在山中。

传说中"花椒仙子"——孝女播撒黑珍珠成花椒林。相传,温坡村中曾住着一对父女,父亲勤劳踏实,女儿美丽贤惠。有一天,父亲突然病逝,伤心欲绝的女儿穿上白纱,头戴白花,怀抱一个装满黑珍珠的坛子,自父亲的坟头起,将黑珍珠撒满温坡村的每一处山岗。这位美丽的少女没日没夜地播撒,最终累倒在一处美丽的山洼里,至此与世长辞。村民们感念她的孝德,用火红色的被单收殓起少女,将她葬在了这处山洼。令人惊奇的是,几年后,少女播撒的黑珍珠奇迹般地在温坡村的山岗上扎了根,长出嫩芽,逐渐成林。掩埋少女的地方也长出了一株硕大无比的花椒树,枝繁叶茂,温坡村成了远近闻名的花椒之乡。此时,村民们才恍然大悟,原来这位美丽善良的少女正是传说中的花椒仙子。"馨香一枝花,娇娆难近身。珍珠大红袍,粒粒皆善心。"为了纪念她,村民们写下此诗,至今花椒仙子的传说与这首诗仍在村民当中口口相传。

图 3-3 大红袍花椒

温坡的大红袍花椒十分抢手,每到椒果成熟的季节,几乎每天都有来自安阳、濮阳、新乡、郑州等周边地市的收购员前来收购,因此花椒成为全村人的主要收入来源。村里家家户户都种花椒,少的有二三百棵,多的有四五千棵。从几十年前的数千棵花椒树,每家每户年出产几千克花椒,到如今 2 500 余亩花椒树,年出产干花椒 2 万 kg 的种植规模,花椒种植收入占农户收入的 60%~70%。以温坡村为中心,石老公、鱼泉、东掌、西掌、对寺窑等周边村花椒种植户也发展到 300 多户,温坡村的花椒种植沿革就是一部真实的山区人民创业史。

黄洞乡政府积极开展农业标准化生产模式示范项目建设,辐射带动群众栽植大红袍花椒。目前,淇县成立了帮扶工作队,帮助指导"三农"互助合作协会积极申请"古石沟大红袍花椒"地理标志证明商标。

2016 年 9 月 26 日,河南省民间文艺家协会签发豫民协字〔2016〕第 21 号文,公布鹤壁市鹤硒有机农业发展有限公司在黄洞乡开发种植的古石沟花椒列入第三批"中原贡品"保护名录中。2018 年,鹤壁市人民政府鹤政文〔2018〕3 号文,批复同意该公司用"古石沟"名称注册"古石沟大红袍花椒"地理标志证明商标,并将淇县黄洞乡行政区域明确为"古石沟大红袍花椒"地理标志证明商标种植地域范围。大红袍花椒香味浓郁,因其得天独厚的山、水、土质等条件,同样的种子出了这一片地方,在别的地方结出的椒果都不如这儿的颜色亮、香味浓。

"古石沟大红袍花椒"的产品特点:色泽——深红或枣红,均匀,有光泽;滋味——麻味浓烈、持久、纯正;气味——香味浓郁、纯正;果实特征——睁眼、颗粒大、均匀;成分——油腺突出,水分含量:8.7%,挥发油含量:5.3 mL/100 g,符合检测标准,为一级大红袍花椒品质。

三、淇县葫芦枣

淇县葫芦枣是 1997 年淇县灵山办事处原桥盟街道山怀村村民,于淇县山怀村西南山沟部野生酸枣资源中发现的,后经与淇县林科所合作,经过多次嫁接、优选培育而成的一个枣树新品种,是酸枣的变异种。种植面积 100 多亩。

该枣果实为长倒卵形,果个中等,果重 10~15 g,从果顶部与胴部连接处开始向下收缩呈乳头状,极似倒挂的葫芦。果面光滑,果皮褐红色。葫芦枣果肉乳白色,酥脆多汁,自花结实,是稀有的食用兼观赏品种。树冠圆头形,生长强旺,适应性强,耐旱、耐涝、耐瘠薄,较丰产,是山区创收致富的首选品种。花期 5—6 月,果熟期 9—10 月,枣果脆甜多汁,品质极佳,作为经济林

图 3-3　淇县葫芦枣

栽培,具有很高的经济价值,由于其特殊的果型,又可用于农业休闲采摘,深受群众喜爱,现已在淇县山丘区广泛栽植,表现良好。2019 年,淇县自然资源局将葫芦枣推荐参加了北京世园会优质果品大赛,葫芦枣获得 2019 北京世园会优质果品大赛铜奖。

第四节　林木种质资源状况综合分析

淇县林木种质资源普查工作进入村庄调查 352 个,社区调查 5 个,公园景区 5 处;填写野生林木种质资源记录表 25 份,49 科 106 属 198 种;填写栽培利用林木种质资源记录表 742 份,58 科 116 属 189 种(另有 30 个品种),记录木本植物 64 科 145 属 326 种(包括 30 个品种),其中裸子植物 3 科 7 属 10 种,被子植物 61 科 138 属 316 种。

绿化树种主要为侧柏、白蜡、加杨、悬铃木等,主要分布在淇县南水北调干渠两侧和高村镇靳庄、石河岸。城镇绿化树种以行道树和一些观赏乔灌木为主,观赏树种较为丰富的区是北阳镇安钢植物园和新政府广场。主要的行道树是槐、加杨、悬铃木和白蜡,分布于大街小巷;主要的观赏树种有日本晚樱、月季花、紫叶李、木槿、紫薇等。在安钢植物园发现了秤锤树、喜树、山白树、刺楸、糠椴等 11 个稀有树种。非城镇"四旁"绿化林木树种记录 240 个表格,普查范围包括所有的行政村,常见的树种以杨树、泡桐、构树、榆树为主,由

于是非城镇,而且处于典型温带大陆性季风气候,适宜落叶乔木的生长,杨树栽培品种及泡桐易存活,生长迅速,成为非城镇的主要绿化树种。

淇县古树名木,共有7科10属11种,共57株,其中国槐17株,侧柏14株,皂荚11株,白梨4株,杜梨2株,桧柏2株,板栗2株,青檀2株,朴树1株,酸枣1株,黄连木1株。古树群1处。

通过普查,基本摸清了全县林木种质资源的种类、数量、分布(或栽培)区域、面积、生长状态、适应性等情况,掌握了古树名木的种类、数量、分布地点、保存单位、生长和保护现状,为全县林木种质资源的收集保存和开发利用奠定了基础。

一、林木种质资源有待进一步保护利用

这次林木种质资源普查比较全面地了解了全县林木种质资源分布状况,相应调查数据为政府及相关部门制定林木种质资源保护、利用的相关决策提供了依据;调查成果可用于全县林木种质资源查询、古树名木查询,开展植物资源开发和利用,建立植物资源调查、动态监测平台;初步摸清了区域植物种类、数量、分布、濒危状况、保护状况和利用情况。同时建立了区域植物资源动态数据库,定期更新。

一是将林木种质资源调查结果与森林普查、土地普查等结合,可为政府制定经济发展规划提供依据。二是有利于国家森林公园、湿地公园、优质果品基地、郊野公园等景区的建设和宣传,促进森林旅游业、康养休闲业、果品采摘业等的发展。根据调查资料,可以加强森林公园、湿地公园的特色建设,如景区绿化、景点设置等,也可以利用调查的成果,进行有特色的宣传。三是通过对调查数据的分析,制定林木资源的利用规划、古树名木的保护和利用规划,进行合理的开发利用,寻找新的经济增长点。加强古树名木保护管理刻不容缓,淇县在保护古树名木方面坚持3个原则:①坚持全面保护、依法保护原则。古树名木是不可再生和复制的稀缺资源,是祖先留下的宝贵财富,摸清资源现状,建立台账,需要健全法规制度,依法管理。②坚持政府主导、属地管理的原则。充分发挥各级职能部门的管理作用,分工负责,做好区域内古树名木管理保护工作。③坚持科学管护、原地保护的原则。组织开展古树名木管理科学研究,推广先进养护技术,提高管护技术水平,在原地设立保护标志,登记挂牌保护,严禁违法砍伐或移植古树名木。

二、加快优良乡土树种的培育和利用

乡土植物产生的经济、生态效益和社会效益都是外来植物所无法比拟的,虽然外来植物对丰富本地植物景观起到了积极的作用,但也要充分利用本地树种,两者都要成为园林绿化的主要素材。建议绿化部门开展调研活动,制订相关的政策和乡土植物利用计划,从制度上利于乡土树种的应用,绿化规划设计单位也应把乡土植物的优先选择纳入方案设计中。

林业部门可以选择淇县的一些乡土树种,比如黄连木、栓皮栎、构树、桑树等,进行调查研究、开发利用,积累经验,在此基础上,积极探索和扩大育种范围,开展优质经济乡土树种育种科技研究,培育优良品种。

三、原地保存

原地保存是保存植物种质资源的一种方法。例如设立自然保护区或森林公园,以保护野生和相关植物物种。目前,应尽快做好林木种质资源普查工作,逐步开展林木种质资源濒危分类评估,建立森林公园,实施重点保护,严格管理,加大投入,促进资源恢复和增长。

目前,淇县原地保存的种质资源主要是黄连木,俗称"黄楝树"。黄连木,别名楷木、楷树、黄楝树、药树、药木、黄华、石连、黄林子和木蓼树等,是漆树科黄连木属落叶乔木,树高可达 30 m,胸径可达 2 m。黄连木主根发达,萌芽力强,抗风力强,对土壤要求不严,耐干旱瘠薄,对土壤酸碱度适应范围较广,是"四旁"绿化和荒山、滩地重要造林树种。黄连木花期 3—4 月,果实成熟期 9—10 月,种子含油率较高,是一种不干性油,可作工业原料或食用油。黄连木原产我国,自然分布很广。黄连木是喜光树种,在光照条件充足的地方,生长良好且结实量增加。据资料分析,黄连木果实含油率在 35% 左右,果肉含油率在 50% 左右,种子含油率在 25% 左右,2.5 t 黄连木种子可以生产 1 t 生物柴油。不同地区的黄连木果实、果肉和种子含油率存在一定差异,河南省北部和陕西省南部地区的黄连木果实含油率最高。黄连木全株利用潜力大、用途广泛,但至今还没有产业化开发。今后,在充分利用现有资源的基础上,应加大黄连木种质资源的本地保护力度,加强品种选优工作,加速实现树体矮化,达到速生、提高结实量,使用具备这些性状的优良品种通过快繁技术迅速得到大量优良的种苗,避免种子育苗存在的一些缺陷,积极建设培育黄连木油料能源林,积极开展黄连木能源林栽植,形成品种优选—苗木培育—基地建设—生产加工等黄连木发展产业链,为淇县生态建设做贡献。

四、异地保存

异地保存也叫迁地保护,就是非原地保存,是在原生境以外保存种质资源的方法。例如建立田园种质库(种质植物园)的植物保存,试管苗库(又称基因库)的组织培养保存。对于保持茎、根和植物播种的无性繁殖作物,通过建立田间种质库或试管苗来保存。

目前,淇县国有苗圃建设一处国有种质资源收集圃。淇县国有苗圃位于淇县庙口镇东场村,承担了省级种质资源收集圃项目,项目建设面积 20 亩。主要建设内容为:异地收集保存树种 6 个,株数 1 100 株;树种分别是淇县无核枣、葫芦枣、(油城)梨(白梨、苹梨、鹅梨、马地黄梨)、(大水头)柿(净面柿、牛心柿、八月黄、水柿、火罐柿、磨盘柿)、椿树、楝树等以及 10 个品种和变种。对选择收集树种在先行树种资源调查的基础上,认真搞好项目造林设计,按照集约经营的原则,该苗圃场计划利用 3~5 年的时间,收集树种达到 20 个以上,逐步完善淇县林木种质资源保存体系,为林木品种选育奠定基础。

第四章　淇县主栽树木

第一节　主栽树种、品种情况

一、用材林树种

淇县主栽用材林共涉及 43 属 154 种。其中,杨属的品种最多。淇县主栽用材林资源状况见表 4-1。

表 4-1　淇县主栽用材林资源状况

属	树种、品种数	树种、品种
杨属	22	欧美杨 107 号、欧美杨 108 号、欧美杨 2012、毛白杨、银白杨、加杨、新疆杨、河北杨、箭杆杨、小叶杨、大叶杨、钻天杨、大叶钻天杨、响叶杨、中红杨、丹红杨、沙兰杨、塔形小叶杨、垂枝小叶杨、三毛杨 7 号、欧洲大叶杨、黑杨
柳属	5	垂柳、旱柳、馒头柳、杞柳、豫新柳
松属	5	华山松、白皮松、油松、黑松、日本五针松
栎属	3	栓皮栎、麻栎、槲栎
榆属	11	榆树、大果榆、脱皮榆、太行榆、豫杂 5 号白榆、龙爪榆、中华金叶榆、黑榆、春榆、旱榆、榔榆
槐属	5	国槐、龙爪槐、五叶槐、毛叶槐、白刺花
刺槐属	4	刺槐、'黄金'刺槐、红花刺槐、毛刺槐
皂荚属	4	皂荚、'密刺'皂荚、'嵩刺 1 号'皂荚、野皂荚
泡桐属	6	兰考泡桐、毛泡桐、'南四'泡桐、光泡桐、楸叶泡桐、白花泡桐
悬铃木属	3	二球悬铃木、三球悬铃木、一球悬铃木
银杏属	3	银杏、邳县 2 号银杏、豫银杏 1 号(龙潭皇)
梓树属	3	梓树、楸树、灰楸
侧柏属	2	侧柏、千头柏
圆柏属	6	圆柏、北美圆柏、龙柏、地柏、垂枝圆柏、铺地柏
云杉属	2	白杆、云杉
臭椿属	4	刺臭椿、毛臭椿、臭椿、白皮千头椿
香椿属	2	香椿、'豫林 1 号'香椿
合欢属	3	山槐、合欢、'朱羽'合欢
槭属	12	元宝枫、五角枫、鸡爪槭、红枫、权叶枫、茶条槭、三角槭、秦岭槭、梣叶槭、'金叶'复叶槭、糖槭、血皮槭

续表 4-1

属	树种、品种数	树种、品种
白蜡树属	7	小叶白蜡、白蜡、大叶白蜡、美国白蜡、青榨、水曲柳、光蜡
桑属	2	桑、华桑
椴树属	4	辽椴、南京椴、蒙椴、华东椴
栾树属	3	栾树、复羽叶栾树、黄山栾树
七叶树属	2	七叶树、欧洲七叶树
构属	4	构树、'红皮'构树、花叶构树、小构树
朴属	5	朴树、大叶朴、毛叶朴、小叶朴、珊瑚朴
榕属	2	无花果、异叶榕
黄栌属	4	粉背黄栌、红叶、美国黄栌、毛黄栌
榉树属	2	榉树、大果榉
楝属	1	楝树
胡桃属	1	胡桃楸
刺柏属	1	刺柏
雪松属	1	雪松
水杉属	1	水杉
桃属	1	山桃
梧桐属	1	梧桐
柽柳属	1	柽柳
秤锤树属	1	秤锤树
女贞属	1	女贞
漆属	1	漆树
重阳木属	1	重阳木
乌桕属	1	乌桕
黄连木属	1	黄连木

二、经济林树种

淇县主栽经济林共有 14 个树种,95 个品种。淇县主栽经济林资源状况见表 4-2。

表 4-2 淇县主栽经济林资源状况

树种	品种数	品种名称
桃	11	曙光、'兴农红'桃、'中桃 21 号'桃、'中桃 4 号'桃、黄金蜜桃 1 号、油桃、中油桃 4 号、蟠桃、紫叶桃、碧桃、千瓣白桃
杏	10	杏、'大红'杏、金太阳、麦黄杏、'濮杏 1 号'、仰韶黄杏、'中仁 1 号'杏、野杏、山杏、梅
李	4	杏李、紫叶李、李、太阳李
枣	8	枣、桐柏大枣、豫枣 2 号(淇县无核枣)、长红枣、'中牟脆丰'枣、酸枣、葫芦枣、龙爪枣

续表 4-2

树种	品种数	品种名称
花椒	4	竹叶花椒、大红椒(油椒、二红袍、二性子)、大红袍花椒、青花椒
香椿	2	'豫林1号'香椿、红椿
葡萄	12	变叶葡萄、秋葡萄、小叶葡萄、毛葡萄、碧香无核、超宝葡萄、赤霞珠、巨峰、'神州红'葡萄、'水晶红'葡萄、'夏黑'葡萄、华东葡萄
石榴	9	大白甜、大红甜、范村软籽、河阴软籽、以色列软籽、重瓣红石榴、黄石榴、白石榴、月季石榴
柿	11	八瓣红、'博爱八月黄'柿、富有、斤柿、磨盘柿、牛心柿、'七月燥'柿、前川次郎、十月红柿、野柿、君迁子
核桃	8	辽核4号、辽宁1号、辽宁7号、绿波、清香、香玲、绿岭、中林1号
桑	5	华桑、蚕专4号、桑树新品种7946、花叶桑、山桑
山楂	4	山楂、大金星、山里红、辽宁山楂
苹果	5	粉红女士、富士、皇家嘎啦、金冠、新红星
草莓	2	牛奶草莓、丰香

第二节 淇县主栽裸子植物

一、银杏科

1. 银杏

拉丁名：*Ginkgo biloba* L.

分类：银杏科 银杏属

形态特征：为裸子植物中唯一的中型宽叶落叶乔木，可以长到25~40 m高，胸径可达4 m,幼树的树皮比较平滑,呈浅灰色,大树之皮呈灰褐色,深纵裂,粗糙;幼树及壮年树冠圆锥形,老则呈广卵形;枝近轮生,斜上伸展(雌株的大枝常较雄株开展);一年生的长枝淡褐黄色,二年生以上变为灰色,并有细纵裂纹;短枝密被叶痕,黑灰色,短枝上亦可长出长枝;冬芽黄褐色,常为卵圆形,先端钝尖。叶扇形,有长柄,淡绿色,无毛,有多数叉状并列细脉,顶端宽5~8 cm,在短枝上常具波状缺刻,在长枝上常2裂,基部宽楔形,柄长3~10(多为5~8)cm,幼树及萌生枝上的叶常较大而深裂(叶片长达13 cm,宽15 cm),叶在一年生长枝上螺旋状散生,在短枝上3~8叶呈簇生状,秋季落叶前变为黄色。

分布及用途：是我国的乡土树种,也是珍贵树种。淇县主要分布于行道、庭院、街头游园、旅游景点等。可作景观、药用、用材。西岗镇迁良有集中栽植的片林2亩。

二、松科

1. 雪松

拉丁名：*Cedrus deodara* (Roxb.) G. Don

分类：松科 雪松属

形态特征:常绿乔木,高达30 m左右,胸径可达3 m;树皮深灰色,裂成不规则的鳞状片;枝平展、微斜展或微下垂,基部宿存芽鳞向外反曲,小枝常下垂,一年生长枝淡灰黄色,密生短茸毛,微有白粉,二、三年生枝呈灰色、淡褐灰色或深灰色。叶在长枝上辐射伸展,短枝之叶成簇生状(每年生出新叶15~20枚),叶针形,坚硬,淡绿色或深绿色,长2.5~5 cm,宽1~1.5 mm,上部较宽,先端锐尖,下部渐窄,常成三棱形,稀背脊明显,叶之腹面两侧各有2~3条气孔线,背面4~6条,幼时气孔线有白粉。雄球花长卵圆形或椭圆状卵圆形,长2~3 cm,径约1 cm;雌球花卵圆形,长约8 mm,径约5 mm。球果成熟前淡绿色,微有白粉,熟时红褐色,卵圆形或宽椭圆形,长7~12 cm,径5~9 cm,顶端圆钝,有短梗;中部种鳞扇状倒三角形,长2.5~4 cm,宽4~6 cm,上部宽圆,边缘内曲,中部楔状,下部耳形,基部爪状,鳞背密生短茸毛;苞鳞短小;种子近三角状,种翅宽大,较种子为长,连同种子长2.2~3.7 cm。

分布及用途:淇县广泛栽培,多为庭园树、行道树。主要用于景观、药用。北阳镇刘庄有集中栽植的片林20亩。

2. 白皮松

拉丁名:*Pinus bungeana* Zucc.

分类:松科　松属

形态特征:常绿乔木,高达30 m,胸径可达3 m;有明显的主干,枝较细长,斜展,塔形或伞形树冠;冬芽红褐色,卵圆形,无树脂。叶背及腹面两侧均有气孔线,先端尖,边缘细锯齿;叶鞘脱落。雄球花卵圆形或椭圆形,球果通常单生,成熟前淡绿色,熟时淡黄褐色,种子灰褐色,近倒卵圆形,赤褐色,4—5月开花,第二年10—11月球果成熟。幼树树皮光滑,灰绿色,长大后树皮成不规则的薄块片脱落,露出淡黄绿色的新皮,老则树皮呈淡褐灰色或灰白色,裂成不规则的鳞状块片脱落,脱落后近光滑,露出粉白色的内皮,白褐相间成斑鳞状。

分布及用途:淇县广泛栽培,主要为庭园树、行道树。可供用材,种子可食。集中栽培面积约305亩,分布为:桥盟街道210亩、北阳镇70亩、高村镇25亩。

3. 油松

拉丁名:*Pinus tabuliformis* Carr.

分类:松科　松属

形态特征:为松科针叶常绿乔木,高达30 m,胸径可达1 m。树皮下部灰褐色,裂成不规则鳞块。大枝平展或斜向上,老树平顶;小枝粗壮,雄球花柱形,长1.2~1.8 cm,聚生于新枝下部呈穗状;球果卵形或卵圆形,长4~7 cm。种子长6~8 mm,连翅长1.5~2.0 cm,翅为种子长的2~3倍。花期5月,球果第二年10月上中旬成熟。树皮灰褐色或红褐色,裂成不规则较厚的鳞状块片,裂缝及上部树皮红褐色;枝平展或向下斜展,老树树冠平顶,小枝较粗,褐黄色,无毛,幼时微被白粉;冬芽矩圆形,顶端尖,微具树脂,芽鳞红褐色,边缘有丝状缺裂。

分布及用途:分布于丘陵、浅山区,可作为水土涵养林、用材林,为乡土树种。桥盟街道郭庄村有集中栽植的片林80亩。

三、柏科

1. 侧柏

拉丁名:*Platycladus orientalis*（L.）Franco

分类:柏科　侧柏属

形态特征:属常绿乔木。树冠广卵形,小枝扁平,排列成一个平面。叶小,鳞片状,紧贴小枝上,呈交叉对生排列,叶背中部具腺槽。雌雄同株,花单性。雄球花黄色,由交互对生的小孢子叶组成,每个小孢子叶生有 3 个花粉囊,珠鳞和苞鳞完全愈合。球果当年成熟,种鳞木质化,开裂,种子不具翅或有棱脊。树皮薄,浅灰褐色,纵裂成条片;枝条向上伸展或斜展,幼树树冠卵状尖塔形,老树树冠则为广圆形。

分布及用途:淇县山区、丘陵栽植较多,淇县云梦山国家森林公园内栽植的几乎都是侧柏。其他分布为:北阳镇 2 689 亩、黄洞乡 1 820 亩、庙口镇 860 亩、高村镇 515 亩、桥盟街道 20 亩。侧柏是乡土树种,因耐旱,常为山区造林树种,用途为水源涵养林、庭园绿化,可用材。

2. 圆柏

拉丁名:*Sabina chinensis*

分类:柏科　圆柏属

形态特征:圆柏又叫桧柏,柏科常绿乔木,高达 15 m 左右。树皮红褐色至灰褐色,幼壮时作片状剥落,老龄浅纵裂。树冠幼时尖塔形,老时变广圆形;小枝初绿色,后变红褐色至紫褐色。雌雄异株。3 月开花,翌年 10 月种子成熟。

分布及用途:淇县零星栽植,用于城镇园林绿化,可做水源涵养、景观用。北阳镇南史庄有集中栽培的片林 50 亩。

第三节　淇县主栽被子植物

一、杨柳科

1. 毛白杨

拉丁名:*Populus tomentosa*

分类:杨柳科　杨属

形态特征:毛白杨为落叶乔木,树干通直,树皮光滑或纵裂,常为灰白色。枝有长短枝之分,单叶互生,叶形为长卵形、三角形或卵圆形,齿状缘,罕有全缘。花单性、雌雄异株,茱萸花序下垂,花常先叶开放。蒴果 2~4 瓣裂,种子细小。

分布及用途:全县种植广泛,区域内成片栽植、"四旁"栽植较多,主要品种为中林 46、107 等乡土树种,可用于速生用材林、防护林和行道河渠绿化。高村镇靳庄有集中栽植的片林约 230 亩。

2. 欧美杨 107 号、108 号、2012

拉丁名:*Populus × canadensis*

分类:杨柳科　杨属

形态特征:欧美杨无性系,雌株。欧美杨大树特征为树体高大,树干通直,树冠窄,分枝角度小,侧枝与主干夹角小于45°,侧枝细,叶片小而密,满冠,树皮灰色。

分布及用途:全县种植广泛,约17 288亩,多用于农田林网、工业原料林、用材林。集中栽培的片林分布:西岗镇5 747亩、高村镇4 988亩、北阳镇3 232亩、黄洞乡1 167亩、庙口镇1 000亩、桥盟街道624亩、城关镇530亩。

3. 垂柳

拉丁名:*Salix babylonica* L.

分类:杨柳科　柳属

形态特征:高大落叶乔木,高达12~18 m,树冠开展而疏散。树皮灰黑色,不规则开裂;小枝细而下垂,呈淡褐黄色、淡褐色或带紫色,无毛。垂柳的树皮组织厚,纵裂,老龄树干中心多朽腐而中空。其叶片为狭披针形或线状披针形,先端长渐尖,上面绿色,下面色较淡,锯齿缘。垂柳的花序先叶开放,或与叶同时开放,花丝与苞片近等长或较长,花药为红黄色;苞片披针形,外面有毛,花期在每年的3—4月。垂柳的果实为蒴果,成熟后2瓣裂,内藏种子多枚,种子上具有一丛绵毛,就是人们平常说的柳絮。

分布及用途:分布于淇河两岸、河边,是园林绿化中常用的行道树、景观树,也可用材,是乡土树种。

4. 旱柳

拉丁名:*Salix matsudana* Koidz

分类:杨柳科　柳属

形态特征:落叶乔木,高达18 m,胸径达80 cm,大枝斜上,树冠广圆形;树皮暗灰黑色,有纵裂,枝细长,枝直立或斜展,褐黄绿色,后变褐色,无毛,幼枝有毛,芽褐色,微有毛。

分布及用途:是乡土树种,也是园林绿化的景观树。淇县河边、沟边栽植较多;主要变种有龙爪柳、馒头柳、旱垂柳等。集中栽植的片林约26亩,分布为:庙口镇20亩、高村镇4亩、北阳镇2亩。

二、胡桃科

1. 枫杨

拉丁名:*Pterocarya stenoptera* C. DC.

分类:胡桃科　枫杨属

形态特征:落叶乔木,高达30 m,胸径达1 m;幼树树皮平滑,浅灰色,老时则深纵裂;小枝灰色至暗褐色,具灰黄色皮孔;芽具柄。叶多为偶数或稀奇数羽状复叶,长8~16 cm(稀达25 cm),叶柄长2~5 cm。雄性葇荑花序长6~10 cm,单独生于去年生枝条上叶痕腋内,花序轴常有稀疏的星芒状毛。雌性葇荑花序顶生,长10~15 cm,花序轴密被星芒状毛及单毛,下端不生花的部分长达3 cm。雌花几乎无梗,苞片及小苞片基部常有细小的星芒状毛,并密被腺体。果序长20~45 cm,果序轴常被有宿存的毛。果实长椭圆形,长6~7 mm;果翅狭,条形或阔条形,长12~20 mm,宽3~6 mm,具近于平行的脉。花期4—5月,果熟期8—9月。

分布及用途:淇河两岸土层较厚、土壤湿润区域有零星分布。作庭园树或行道树栽植,在部分公园及广场也有栽植。

2. 胡桃

拉丁名:*Juglans regia* L.

分类:胡桃科　胡桃属

形态特征:俗称核桃、青龙衣、山核桃。落叶乔木,高达20~25 m;树干较别的种类矮,树冠广阔,树皮幼时灰绿色。奇数羽状复叶长25~30 cm,叶柄及叶轴幼时被有极短腺毛及腺体;小叶椭圆状卵形至长椭圆形。雄性菜黄花序下垂。雄花的苞片、小苞片及花被片均被腺毛;雄蕊6~30枚,花药黄色,无毛。雌花的总苞被极短腺毛,柱头浅绿色。果序短,杞俯垂;果实近于球状,无毛;果核稍具皱曲,有2条纵棱,顶端具短尖头;隔膜较薄,内里无空隙;内果皮壁内具不规则的空隙或无空隙而仅具皱曲。

分布及用途:在淇县丘陵地作为经济林、用材林广泛栽植。是乡土树种,用途为采集干果、木本粮油、用材林。淇县栽植的主要品种有'辽宁7号'核桃、'绿波'核桃、'清香'核桃、'香玲'核桃等。核桃是优质的经济林树种,淇县集中栽培的片林较多,约2 035亩,分布为:北阳镇845亩、庙口镇350亩、桥盟街道320亩、高村镇198亩、城关镇160亩、西岗镇132亩、黄洞乡30亩。共有8个品种,其中'清香'核桃293亩。

三、桦木科

鹅耳枥

拉丁名:*Carpinus turczaninowii* Hance

分类:桦木科　鹅耳枥属

形态特征:落叶小乔木,高可达5~10 m;树皮暗灰褐色,粗糙,枝细瘦,灰棕色,叶片顶端锐尖或渐尖,边缘具规则或不规则的重锯齿,叶柄疏被短柔毛。果序序轴均被短柔毛;果苞变异较大,疏被短柔毛,外侧的基部无裂片,小坚果宽卵形,无毛。

分布及用途:分布在山区,可作为水土保持林,在庭园可作为观赏林种植,也可用材。

四、壳斗科

1. 栓皮栎

拉丁名:*Quercus variabilis* Bl.

分类:壳斗科　栎属

形态特征:落叶乔木,高可达30 m,胸径达1 m以上,树皮黑褐色,深纵裂,木栓层发达。小枝灰棕色,无毛;芽圆锥形,芽鳞褐色,具缘毛。叶片卵状披针形或长椭圆形,长8~15(~20) cm,宽2~6(~8) cm,顶端渐尖,基部圆形或宽楔形,叶缘具刺芒状锯齿,叶背密被灰白色星状茸毛,侧脉每边13~18条,直达齿端;叶柄长1~3(~5) cm,无毛。雄花序长达14 cm,花序轴密被褐色茸毛,花被4~6裂,雄蕊10枚或较多;雌花序生于新枝上端叶腋;花柱30,壳斗杯形,包着坚果2/3,连小苞片直径2.5~4 cm,高约1.5 cm;小苞片钻形,反曲,被短毛。坚果近球形或宽卵形,高、径约1.5 cm,顶端圆,果脐突起。花期3—4月,果期翌年9—10月。

分布及用途:分布于淇县山区或丘陵,是乡土树种,也是珍贵树种。是营造防风林、水源涵养林及防护林的优良树种,可用材和景观用。

2. 麻栎

拉丁名:*Quercus acutissima* Carruth.

分类:壳斗科 栎属

形态特征:落叶乔木,高可达 30 m,胸径达 1 m,树皮深灰褐色,冬芽圆锥形,被柔毛。叶片形态多样,通常为长椭圆状披针形,叶缘有刺芒状锯齿,叶片两面同色,叶柄幼时被柔毛,后渐脱落。雄花序常数个集生于当年生枝下部叶腋,有花,花柱壳斗杯形,小苞片钻形或扁条形,向外反曲,被灰白色茸毛。坚果卵形或椭圆形,顶端圆形,果脐突起。3—4 月开花,翌年 9—10 月结果。

分布及用途:分布于淇县山区或丘陵,是乡土树种,也是珍贵树种。是水源涵养林及防护林的优良树种,可用材和景观用。

五、榆科

1. 榆树

拉丁名:*Ulmus pumila* L.

分类:榆科 榆属

形态特征:又名春榆、白榆等,素有"榆木疙瘩"之称,为落叶乔木,高可达 25 m,幼树树皮平滑,灰褐色或浅灰色,大树之皮暗灰色,不规则深纵裂,粗糙;小枝无毛或有毛,无膨大的木栓层及凸起的木栓翅;冬芽近球形或卵圆形。叶椭圆状卵形等,叶面平滑无毛,叶背幼时有短柔毛,后变无毛或部分脉腋有簇生毛,叶柄面有短柔毛。花先叶开放,在生枝的叶腋成簇生状。翅果稀倒卵状圆形,长 1~1.5 cm,光滑,顶端凹陷,果核位于果翅中部。花期 3—4 月,果熟期 5 月。

分布及用途:淇县淇河沟谷地、平原地栽植较多。是乡土树种,主要品种有'豫杂 5号'白榆、中华金叶榆、黑榆、旱榆、榔榆、大果榆等。可作为用材林或景观林。集中栽培的面积约 105 亩,分布为:北阳镇 100 亩、桥盟街道 5 亩。

2. 榔榆

拉丁名:*Ulmus parvifolia* Jacq.

分类:榆科 榆属

形态特征:又名秋榆、小叶榆。落叶乔木,高可达 15 m,胸径可达 60 cm。树皮不规则鳞片状剥落;当年生枝红褐色,密被柔毛,二年生枝褐色,皮孔明显;冬芽卵球形,芽鳞红褐色,先端微被毛。托叶狭,早落;叶柄长 5 mm,密被柔毛;叶革质,椭圆形或卵状椭圆形,稀倒卵形,长 2~5.5 cm,宽 1~3 cm,基部偏斜至近不偏斜,一边楔形,一边圆形至耳状,先端微钝、尖或渐尖,表面绿色,粗糙,有光泽,无毛,背面淡绿色,幼时稍被毛,边缘具单锯齿。花秋季开放,常数朵簇生于当年生枝的叶腋,花被 4 深裂;裂片卵状椭圆形,无毛;雄蕊 4,花丝长于花被;子房扁平、绿色,花柱 2 裂,柱头 2。果实为翅果,卵状椭圆形至近圆形,长约 1 cm,基部楔形至近圆形,顶端微凹。种子位于翅果的中央或稍上处,上部不接近顶端缺口,除顶端柱头面外,余处无毛;果梗细,长 3~4 mm。花果期 9—10 月。

分布:淇河两岸崖壁有零星自然分布。

3. 榉树

拉丁名:*Zelkova serrata*(Thunb.)Makino

分类:榆科　榉树属

形态特征:落叶乔木,可高达 30 m,胸径达 100 mm;树皮灰白色或褐灰色,呈不规则的片状剥落;当年生枝紫褐色或棕褐色,疏被短柔毛,后渐脱落;叶薄纸质至厚纸质,大小形状变异很大,卵形、椭圆形或卵状披针形,长 2~9 cm,宽 1~4 cm,先端渐尖或尾状渐尖,基部有的稍偏斜,稀圆形或浅心形,边缘有圆齿状锯齿,具短尖头,侧脉 8~14 对;上面中脉凹下被毛,下面无毛。叶柄长 4~9 mm,被短柔毛。雄花具极短的梗,径约 3 mm,花被裂至中部,花被裂片 6~7,不等大,外面被细毛,退化子房缺;雌花近无梗,径约 1.5 mm,花被片 4~5,外面被细毛,子房被细毛。核果,上面偏斜,凹陷,直径约 4 mm,具背腹脊,网肋明显,无毛,具宿存的花被。花期 4 月,果期 10 月。

分布及用途:在游园、公园栽植。榉树是乡土树种,秋叶变成褐红色,是观赏秋叶的优良树种。可孤植、丛植公园和广场的草坪、建筑旁作庭荫树,也是用材林树种。

4. 朴树

拉丁名:*Celtis sinensis* Pers.

分类:榆科　朴属

形态特征:别名小叶朴。落叶乔木,树皮平滑,灰色;一年生枝被密毛。叶互生,叶柄长;叶片革质,宽卵形至狭卵形,先端急尖至渐尖,基部圆形或阔楔形,偏斜,中部以上边缘有浅锯齿,三出脉,上面无毛,下面沿脉及脉腋疏被毛。花杂性(两性花和单性花同株),生于当年枝的叶腋;核果近球形,红褐色;果柄较叶柄近等长;核果单生或 2 个并生,近球形,熟时红褐色;果核有穴和突肋。

分布及用途:分布于淇县平原及低山区,村落附近零星种植。是乡土树种,可用于景观林、用材林。

5. 青檀

拉丁名:*Pteroceltis tatarinowii* Maxim.

分类:榆科　青檀属

形态特征:又名翼朴、檀树、摇钱树,稀有种。乔木,高达 20 m 或 20 m 以上,胸径达 70 cm 或 1 m 以上;树皮灰色或深灰色,不规则的长片状剥落;小枝黄绿色,干时变栗褐色,疏被短柔毛,后渐脱落,皮孔明显,椭圆形或近圆形;冬芽卵形。叶纸质,宽卵形至长卵形,长 3~10 cm,宽 2~5 cm,先端渐尖至尾状渐尖,基部不对称,楔形、圆形或截形,边缘有不整齐的锯齿,基部 3 出脉,侧出的一对近直伸达叶的上部,侧脉 4~6 对,叶面绿,幼时被短硬毛,后脱落常残留有圆点,光滑或稍粗糙,叶背淡绿,在脉上有稀疏的或较密的短柔毛,脉腋有簇毛,其余近光滑无毛;叶柄长 5~15 mm,被短柔毛。翅果状坚果近圆形或近四方形,直径 10~17 mm,黄绿色或黄褐色,翅宽,稍带木质,有放射线条纹,下端截形或浅心形,顶端有凹缺,果实外面无毛或多少被曲柔毛,常有不规则的皱纹,有时具耳状附属物,具宿存的花柱和花被,果梗纤细,长 1~2 cm,被短柔毛。花期 3—5 月,果期 8—10 月。

分布及用途:有零星分布,是乡土树种。可作水土保持林、工业原料林、用材林、景观林。

六、桑科

1. 桑

拉丁名:*Morus alba* L.

分类:桑科　桑属

形态特征:乔木或为灌木,高 3~10 m 或更高,胸径可达 50 cm,树皮厚,灰色,具不规则浅纵裂;冬芽红褐色,卵形,芽鳞覆瓦状排列,灰褐色,有细毛;小枝有细毛。叶卵形或广卵形,长 5~15 cm,宽 5~12 cm,先端急尖、渐尖或圆钝,基部圆形至浅心形,边缘锯齿粗钝,有时叶为各种分裂,表面鲜绿色,无毛,背面沿脉有疏毛,脉腋有簇毛;叶柄长 1.5~5.5 cm,具柔毛;托叶披针形,早落,外面密被细硬毛。花单性,腋生或生于芽鳞腋内,与叶同时生出;雄花序下垂,长 2~3.5 cm,密被白色柔毛,花被片宽椭圆形,淡绿色,花丝在芽时内折,花药 2 室,球形至肾形,纵裂;雌花序长 1~2 cm,被毛,总花梗长 5~10 mm,被柔毛,雌花无梗,花被片倒卵形,顶端圆钝,外面和边缘被毛,两侧紧抱子房,无花柱,柱头 2 裂,内面有乳头状突起。聚花果卵状椭圆形,长 1~2.5 cm,成熟时红色或暗紫色。花期 4—5 月,果期 5—8 月。

分布及用途:是我国的乡土树种,可作用材林、景观林、工业原料林等。淇县栽植桑树主要是片林,集中栽植面积约 90 亩,其中高村镇 80 亩、西岗镇 10 亩。

2. 构树

拉丁名:*Broussonetia papyrifera*

分类:桑科　构属

形态特征:为落叶乔木,高 10~20 m;树皮暗灰色;小枝密生柔毛。树冠张开,卵形至广卵形;树皮平滑,浅灰色或灰褐色,不易裂,全株含乳汁。为强阳性树种,适应性特强,抗逆性强。叶螺旋状排列,广卵形至长椭圆状卵形,长 6~18 cm,宽 5~9 cm,先端渐尖,基部心形,两侧常不相等,边缘具粗锯齿,不分裂或 3~5 裂,小树之叶常有明显分裂,表面粗糙,疏生糙毛,背面密被茸毛,基生叶脉三出,侧脉 6~7 对;叶柄长 2.5~8 cm,密被糙毛;托叶大,卵形,狭渐尖,长 1.5~2 cm,宽 0.8~1 cm。花雌雄异株;雄花序为葇荑花序,粗壮,长 3~8 cm,苞片披针形,被毛,花被 4 裂,裂片三角状卵形,被毛,雄蕊 4,花药近球形,退化雌蕊小;雌花序球形头状,苞片棍棒状,顶端被毛,花被管状,顶端与花柱紧贴,子房卵圆形,柱头线形,被毛。聚花果直径 1.5~3 cm,成熟时橙红色,肉质;瘦果具与其等长的柄,表面有小瘤,龙骨双层,外果皮壳质。花期 4—5 月,果期 6—7 月。

分布及用途:淇县高村镇浮山林场栽植片林 400 亩,礼合屯村栽植 120 亩,北阳镇北窑村鹿台寺栽植 300 亩,庙口镇王洞村栽植 40 亩,桥盟街道小洼村西地栽植 6 亩。构树速生、适应性强,是乡土树种,其叶是很好的猪饲料,抗大气污染力强,可用作生态林、工业原料林。

3. 无花果

拉丁名:*Ficus carica* Linn.

分类:桑科　榕属

形态特征:落叶灌木或小乔木;高达 10 m,多分枝;树皮灰褐色,皮孔明显;小枝粗,叶互生,厚纸质,宽卵圆形,长、宽 10～20 cm,掌状 3～5 裂,小裂片卵形,具不规则钝齿;叶柄粗,长 2～5 cm;雌雄异株,雄花和瘿花同生于一榕果内壁,雄花集生孔口,雌花花被与雄花同,花柱侧生;榕果单生叶腋,梨形,径 3～5 cm,顶部凹下,熟时紫红色或黄色,基生苞片 3,卵形,瘦果透镜状。花果期 5—7 月。

分布及用途:在园林、庭院零星分布。果实味甜可食或作蜜饯,又可作药用;也可供庭园观赏。

4. 柘树

拉丁名:<i>Cudrania tricuspidata</i>(Carr.) Bur.

分类:桑科　柘树属

形态特征:落叶灌木或小乔木,高 1～7 m;树皮灰褐色,小枝无毛,略具棱,有棘刺,刺长 5～20 mm;冬芽赤褐色。叶卵形或菱状卵形,偶为三裂,长 5～14 cm,宽 3～6 cm,先端渐尖,基部楔形至圆形,表面深绿色,背面绿白色,无毛或被柔毛,侧脉 4～6 对;叶柄长 1～2 cm,被微柔毛。雌雄异株,雌雄花序均为球形头状花序,单生或成对腋生,具短总花梗;雄花序直径 0.5 cm,雄花有苞片 2 枚,附着于花被片上,花被片 4,肉质,先端肥厚,内卷,内面有黄色腺体 2 个,雄蕊 4,与花被片对生,花丝在花芽时直立,退化雌蕊锥形;雌花序直径 1～1.5 cm,花被片与雄花同数,花被片先端盾形,内卷,内面下部有 2 黄色腺体,子房埋于花被片下部。聚花果近球形,直径约 2.5 cm,肉质,成熟时橘红色。花期 5—6 月,果期 6—7 月。

分布及用途:淇县农村有零星分布。是乡土树种,可为良好的绿篱树种。根皮药用,茎皮纤维可以造纸。

七、木兰科

1. 玉兰

拉丁名:<i>Magnolia denudata</i> Desr.

分类:木兰科　木兰属

形态特征:落叶乔木,高达 25 m,胸径 1 m,枝广展形成宽阔的树冠;树皮深灰色,粗糙开裂;小枝稍粗壮,灰褐色;冬芽及花梗密被淡灰黄色长绢毛。叶纸质,倒卵形、宽倒卵形或倒卵状椭圆形,基部徒长枝叶椭圆形。花蕾卵圆形,花先叶开放,直立,芳香,直径 10～16 cm;花梗显著膨大,密被淡黄色长绢毛;花被片 9 片,白色,基部常带粉红色;雄蕊长 7～12 mm,花药长 6～7 mm;雌蕊狭卵形,长 3～4 mm,具长 4 mm 的锥尖花柱。聚合果圆柱形;蓇葖厚木质,褐色,具白色皮孔;种子心形,侧扁。花期 2—3 月(亦常于 7—9 月再开一次花),果期 8—9 月。

分布及用途:分布在淇县街头游园、公园、庭院。栽植品种还有望春玉兰、武当玉兰等。可作药用、景观、用材、香料。集中栽培的面积约 95 亩,分布为:北阳镇 55 亩、西岗镇 40 亩。

2. 广玉兰

拉丁名:<i>Magnolia grandiflora</i> L.

分类:木兰科 木兰属

形态特征:又称洋玉兰、荷花玉兰。常绿乔木,高达 40 m。树皮灰褐色;幼枝密生茸毛,后变灰褐色。叶厚,革质,长圆状披针形或倒卵状长椭圆形,长 14~20 cm,宽 4~9 cm,背面有锈色短茸毛;叶柄长约 2 cm,嫩时有淡黄色茸毛。花白色,荷花状,直径 15~20 cm,芳香;花柄密生淡黄色茸毛;花被片 9~13,倒卵形,长 7~8 cm;心皮密生长茸毛。聚合果圆柱形,长 6~8 cm,有锈色茸毛;蓇葖果卵圆形,紫褐色,顶端有外弯的喙。花期 6 月。

分布及用途:零星分布在淇县街头游园、公园、庭院。

八、蜡梅科

蜡梅

拉丁名:*Chimonanthus praecox*(Linn.)Link

分类:蜡梅科 蜡梅属

形态特征:落叶灌木,常丛生。叶对生,椭圆状卵形至卵状披针形,花着生于第二年生枝条叶腋内,先花后叶,芳香,直径 2~4 cm;花被片圆形、长圆形、倒卵形、椭圆形或匙形,无毛,花丝比花药长或等长,花药内弯,无毛,花柱长达子房 3 倍,基部被毛。果托近木质化,口部收缩,并具有钻状披针形的被毛附生物。花期 11 月至翌年 3 月,果期 4—11 月。

分布及用途:淇县公园、庭院等有零星栽植。可作园林景观,其根、叶可药用。高村镇靳庄有集中栽植的片林约 60 亩。

九、金缕梅科

山白树

拉丁名:*Sinowilsonia henryi* Hemsl.

分类:金缕梅科 山白树属

形态特征:落叶灌木或小乔木,高约 8 m;嫩枝有灰黄色星状茸毛;老枝秃净,略有皮孔;芽体无鳞状苞片,有星状茸毛。叶纸质或膜质,倒卵形,稀为椭圆形,长 10~18 cm,宽 6~10 cm。雄花总状花序无正常叶片,萼筒极短,萼齿匙形;雄蕊近于无柄,花丝极短。蒴果无柄,卵圆形。种子长 8 mm,黑色,有光泽,种脐灰白色。

分布及用途:山白树在《中国植物红皮书》上被列为二级保护植物,也号称活化石植物,为陕西省重点保护物种。山白树是中国的特有种。淇县安钢植物园中有零星栽植。

十、杜仲科

杜仲

拉丁名:*Eucommia ulmoides* Oliver

分类:杜仲科 杜仲属

形态特征:落叶乔木,高可达 20 m,胸径约 50 cm。树皮灰褐色,粗糙,内含橡胶,折断拉开有多数细丝。嫩枝有黄褐色毛,不久变秃净,老枝有明显的皮孔。芽体卵圆形,外面发亮,红褐色,有鳞片 6~8 片,边缘有微毛。叶椭圆形、卵形或矩圆形,薄革质,长 6~15

cm,宽 3.5~6.5 cm。基部圆形或阔楔形,先端渐尖;上面暗绿色,初时有褐色柔毛,不久变秃净,老叶略有皱纹,下面淡绿,初时有褐毛,以后仅在脉上有毛。侧脉 6~9 对,与网脉在上面下陷,在下面稍突起,边缘有锯齿,叶柄长 1~2 cm,上面有槽,被散生长毛。花生于当年枝基部,雄花无花被;花梗长约 3 mm,无毛;苞片倒卵状匙形,长 6~8 mm,顶端圆形,边缘有睫毛,早落;雄蕊长约 1 cm,无毛,花丝长约 1 mm,药隔突出,花粉囊细长,无退化雌蕊。雌花单生,苞片倒卵形,花梗长 8 mm,子房无毛,1 室,扁而长,先端 2 裂,子房柄极短。翅果扁平,长椭圆形,长 3~3.5 cm,宽 1~1.3 cm,先端 2 裂,基部楔形,周围具薄翅。坚果位于中央,稍突起,子房柄长 2~3 mm,与果梗相接处有关节。种子扁平,线形,长 1.4~1.5 cm,宽 3 mm,两端圆形。早春开花,秋后果实成熟。

分布及用途:淇县庙口镇鲍屯村南水北调干渠段有集中栽植片林约 25 亩。杜仲是乡土树种,也是珍贵树种,可作用材、药用、木本油料、景观林。

十一、悬铃木科

1. 一球悬铃木

拉丁名:*Platanus occidentalis* L.

分类:悬铃木科　悬铃木属

形态特征:落叶大乔木,高 40 余 m;树皮有浅沟,呈小块状剥落,嫩枝有黄褐色茸毛。叶大、阔卵形,通常 3 浅裂,稀为 5 浅裂,宽 10~22 cm,长度比宽度略小;基部截形,阔心形,或稍呈楔形;裂片短三角形,宽度远较长度为大,边缘有数个粗大锯齿;上下两面初时被灰黄色茸毛,不久脱落,上面秃净,下面仅在脉上有毛,掌状脉 3 条,离基约 1 cm;叶柄长 4~7 cm,密被茸毛;托叶较大,长 2~3 cm,基部鞘状,上部扩大呈喇叭形,早落。花通常 4~6 数,单性,聚成圆球形头状花序。雄花的萼片及花瓣均短小,花丝极短,花药伸长,盾状药隔无毛。雌花基部有长茸毛;萼片短小;花瓣比萼片长 4~5 倍;心皮 4~6 个,花柱伸长,比花瓣为长。头状果序圆球形,单生,稀为 2 个,直径约 3 cm,宿存花柱极短;小坚果先端钝,基部的茸毛长为坚果之半,不突出头状果序外。花期 5 月,果期 9—10 月。

分布及用途:淇县栽植广泛,主要作行道树、观赏林,也作为街坊、厂矿绿化用。

2. 二球悬铃木

拉丁名:*Platanus acerifolia*(Aiton)Willdenow

分类:悬铃木科　悬铃木属

形态特征:落叶大乔木,高 30 余 m,树皮光滑,大片块状脱落;嫩枝密生灰黄色茸毛;老枝秃净,红褐色。叶阔卵形,宽 12~25 cm,长 10~24 cm,上下两面嫩时有灰黄色毛被,下面的毛被更厚而密,以后变秃净,仅在背脉腋内有毛;基部截形或微心形,上部掌状 5 裂,有时 7 裂或 3 裂;中央裂片阔三角形,宽度与长度约相等;裂片全缘或有 1~2 个粗大锯齿;掌状脉 3 条,稀为 5 条,常离基部数毫米,或为基出;叶柄长 3~10 cm,密生黄褐色毛被;托叶中等大,长 1~1.5 cm,基部鞘状,上部开裂。花通常 4 数。雄花的萼片卵形,被毛;花瓣矩圆形,长为萼片的 2 倍;雄蕊比花瓣长,盾形药隔有毛。果枝有头状果序 1~2 个,稀为 3 个,常下垂;头状果序直径约 2.5 cm,宿存花柱长 2~3 mm,刺状,坚果之间无突出的茸毛,或有极短的毛。

分布及用途:是优良的行道树种,广泛应用于城市园林绿化。淇县栽植分布广泛。集中栽培的面积约 3 813 亩,分布为:北阳镇 1 575 亩、城关镇 1 167 亩、高村镇 1 045 亩、桥盟街道 21 亩、西岗镇 5 亩。

十二、蔷薇科

1. 石楠

拉丁名:*Photinia serrulate* Lindl

分类:蔷薇科　石楠属

形态特征:常绿灌木或小乔木,高 4~6 m,有时可达 12 m;枝褐灰色,无毛。叶片革质,长椭圆形、长倒卵形或倒卵状椭圆形,先端尾尖,幼时中脉有茸毛,成熟后两面皆无毛;叶柄粗壮,幼时有茸毛,以后无毛。复伞房花序顶生;总花梗和花梗无毛,花密生,花瓣白色,近圆形,内外两面皆无毛;花药带紫色;果实球形,红色,后成褐紫色;种子卵形,棕色,平滑。花期 4~5 月,果期 10 月。

分布及用途:石楠广泛分布于淇县城区内的每个角落,是园林绿化的主要树种。石楠枝繁叶茂,终年常绿,是具观赏价值的常绿阔叶乔木。集中栽培面积约 110 亩,分布为:桥盟街道 80 亩、北阳镇 30 亩。

2. 山楂

拉丁名:*Crataegus pinnatifida* Bunge

分类:蔷薇科　山楂属

形态特征:又名山里果、山里红。落叶乔木,高可达 6 m。树皮粗糙,暗灰色或灰褐色;刺长 1~2 cm,有时无刺;小枝圆柱形,当年生枝紫褐色,无毛或近于无毛,疏生皮孔,老枝灰褐色;冬芽三角卵形,先端圆钝,无毛,紫色。叶片宽卵形或三角状卵形,稀菱状卵形,长 5~10 cm,宽 4~7.5 cm,先端短渐尖,基部截形至宽楔形,通常两侧各有 3~5 羽状深裂片,裂片卵状披针形或带形,先端短渐尖,边缘有尖锐稀疏不规则重锯齿,上面暗绿色有光泽,下面沿叶脉有疏生短柔毛或在脉腋有髯毛,侧脉 6~10 对,有的达到裂片先端,有的达到裂片分裂处;叶柄长 2~6 cm,无毛;托叶草质,镰形,边缘有锯齿。果实近球形或梨形,直径 1~1.5 cm,深红色,有浅色斑点;小核 3~5,外面稍具棱,内面两侧平滑;萼片脱落很迟,先端留一圆形深洼。花期 5~6 月,果期 9~10 月。

分布及用途:山楂是乡土树种,是我国特有的药果兼用树种。可用作林果、景观林。

3. 枇杷

拉丁名:*Eriobotrya japonica*（Thunb.）Lindl.

分类:蔷薇科　枇杷属

形态特征:常绿小乔木,高可达 10 m;小枝粗壮,黄褐色,密生锈色或灰棕色茸毛。叶片革质,披针形、倒披针形、倒卵形或椭圆长圆形,长 12~30 cm,宽 3~9 cm。圆锥花序顶生,长 10~19 cm,具多花;总花梗和花梗密生锈色茸毛;花梗长 2~8 mm;苞片钻形,长 2~5 mm,密生锈色茸毛;花直径 12~20 mm。果实球形或长圆形,直径 2~5 cm;种子 1~5,球形或扁球形,直径 1~1.5 cm,褐色,光亮,种皮纸质。花期 10~12 月,果期 5~6 月。

分布及用途:枇杷在城区庭院中有少量零星栽植。枇杷可作为观赏树木、果树,也可药用。

4. 木瓜

拉丁名：*Chaenomeles sinensis*

分类：蔷薇科　木瓜属

形态特征：又称木瓜、乳瓜、万寿果,灌木或小乔木,高达8~10 m,具乳汁;茎不分枝或有时于损伤处分枝,具螺旋状排列的托叶痕。果实长于树上,外形像瓜,故名木瓜。叶大,聚生于茎顶端,近盾形,直径可达60 cm,通常5~9深裂,每裂片再为羽状分裂;叶柄中空,长达60~100 cm。花单性或两性,有些品种在雄株上偶尔产生两性花或雌花,并结成果实,亦有时在雌株上出现少数雄花。植株有雄株、雌株和两性株。浆果肉质,成熟时橙黄色或黄色,长圆球形、倒卵状长圆球形、梨形或近圆球形。

分布及用途：木瓜树在城区庭院中有少量零星栽植。可药用,作为景观林。北阳镇北阳村有毛叶木瓜集中栽植片林2亩。

5. 白梨

拉丁名：*Pyrus bretschneideri*

分类：蔷薇科　梨属

形态特征：落叶乔木,属于被子植物门双子叶植物纲蔷薇科苹果亚科。叶片多呈卵形,大小因品种不同而各异。花为白色,或略带黄色、粉红色,有五瓣。果实形状有圆形的,也有基部较细尾部较粗的,即俗称的"梨形";不同品种的果皮颜色大相径庭,有黄色、绿色、黄中带绿、绿中带黄、黄褐色、绿褐色、红褐色、褐色,个别品种亦有紫红色;野生梨的果径较小,在1~4 cm,而人工培植的品种果径可达8 cm,长度可达18 cm。

分布及用途：梨树是我国的乡土树种,也是优质的经济林树种。淇县梨树集中栽培的面积约480亩,共有5个品种,分布为:北阳镇油城244亩、城关镇东关200亩、桥盟街道36亩。

6. 杜梨

拉丁名：*Pyrus betulifolia* Bunge

分类：蔷薇科　梨属

形态特征：落叶乔木,枝常有刺。株高10 m,枝具刺,二年生枝条紫褐色。叶片菱状卵形至长圆卵形,幼叶上下两面均密被灰白色茸毛;叶柄被灰白色茸毛;托叶早落。伞形总状花序,有花10~15朵,花梗被灰白色茸毛,苞片膜质,线形,花瓣白色,雄蕊花药紫色,花柱具毛。果实近球形,褐色,有淡色斑点,花期4月,果期8—9月。

分布及用途：淇河两岸山坡土层较厚处有零星分布。杜梨抗干旱,耐寒凉,通常作各种栽培梨的砧木。

7. 苹果

拉丁名：*Malus pumila* Mill.

分类：蔷薇科　苹果属

形态特征：落叶乔木,高达15 m 。小枝紫褐色,幼时密生茸毛,老时无毛,冬芽卵形,有白色茸毛。叶椭圆形、卵形或宽椭圆形,长4.5~10 cm,宽3~5.5 cm,先端尖,基部宽形,或圆形,边缘有圆钝锯齿,幼时两面具茸毛,后表面光滑,叶柄长1.5~3 cm,有短柔毛。

伞串花序有 9~7 朵花,花梗长 1~2.5 cm,密被柔毛,花白色或粉红色,直径 3~4 cm,花瓣倒圆卵形,长 15~18 mm,雄蕊 20,长为花瓣之半,花柱 5 个。果实扁球形,直径 3 cm 以上,先端有隆起,有宿存萼裂片。花期 4—5 月,果熟期 8—9 月。

分布及用途:苹果是我国的乡土树种,也是优质的经济林树种。淇河两岸有小面积栽植。淇县苹果集中栽培的面积约 125 亩,有 5 个品种,分布为:桥盟街道 44 亩、庙口镇 20 亩、城关镇 20 亩、北阳镇 19 亩、高村镇 13 亩、西岗镇 9 亩。

8. 海棠

拉丁名:*Malus spectabilis*

分类:蔷薇科　苹果属

形态特征:灌木或小乔木,高可达 8 m;小枝粗壮,圆柱形,幼时具短柔毛,逐渐脱落,老时红褐色或紫褐色,无毛;冬芽卵形,先端渐尖,微被柔毛,紫褐色,有数枚外露鳞片。叶片椭圆形至长椭圆形,长 5~8 cm,宽 2~3 cm,先端短渐尖或圆钝,基部宽楔形或近圆形,边缘有紧贴细锯齿,有时部分近于全缘,幼嫩时上下两面具稀疏短柔毛,以后脱落,老叶无毛;叶柄长 1.5~2 cm,具短柔毛;托叶膜质,窄披针形,先端渐尖,全缘,内面具长柔毛。花序近伞形,有花 4~6 朵,花梗长 2~3 cm,具柔毛;苞片膜质,披针形,早落;花直径 4~5 cm;萼筒外面无毛或有白色茸毛;萼片三角卵形,先端急尖,全缘,外面无毛或偶有稀疏茸毛,内面密被白色茸毛,萼片比萼筒稍短;花瓣卵形,长 2~2.5 cm,宽 1.5~2 cm,基部有短爪,白色,在芽中呈粉红色,雄蕊 20~25,花丝长短不等,长约花瓣之半;花柱 5,稀 4,基部有白色茸色,比雄蕊稍长。果实近球形,直径 2 cm,黄色,萼片宿存,基部不下陷,梗洼隆起;果梗细长,先端肥厚,长 3~4 cm。花期 4—5 月,果期 8—9 月。

分布及用途:淇县公园、街道、游园广泛栽植,品种有西府海棠、垂丝海棠,作为城市绿化、美化的观赏花木。高村镇有集中栽植的片林 130 亩。

9. 桃

拉丁名:*Amygdalus persica* L.

分类:蔷薇科　桃属

形态特征:落叶小乔木,高 3~8 m;树冠宽广而平展;树皮暗红褐色,老时粗糙呈鳞片状;小枝细长,无毛,有光泽,绿色,向阳处转变成红色,具大量小皮孔;冬芽圆锥形,顶端钝,外被短柔毛,常 2~3 个簇生,中间为叶芽,两侧为花芽。叶片长圆披针形、椭圆披针形或倒卵状披针形,长 7~15 cm,宽 2~3.5 cm,先端渐尖,基部宽楔形,上面无毛,下面在脉腋间具少数短柔毛或无毛,叶边具细锯齿或粗锯齿,齿端具腺体或无腺体。花单生,先于叶开放,直径 2.5~3.5 cm;花梗极短或几无梗;萼筒钟形,被短柔毛,稀几无毛,绿色而具红色斑点;萼片卵形至长圆形,顶端圆钝,外被短柔毛;花瓣长圆状椭圆形至宽倒卵形,粉红色,罕为白色;雄蕊 20~30,花药绯红色;花柱几与雄蕊等长或稍短;子房被短柔毛。果实形状和大小均有变异,卵形、宽椭圆形或扁圆形,直径(3)5~7(12) cm,长几与宽相等,色泽变化由淡绿白色至橙黄色,外面密被短柔毛,稀无毛,腹缝明显,果梗短而深入果注;果肉白色、浅绿白色、黄色、橙黄色或红色,多汁有香味,甜或酸甜;核大,离核或黏核,椭圆形或近圆形,两侧扁平,顶端渐尖,表面具纵、横沟纹和孔穴;种仁味苦,稀味甜。花期 3—4 月,果实成熟期因品种而异,通常为 8—9 月。

分布及用途:桃是我国的乡土树种,也是优质的经济林树种。淇河两岸有毛桃自然分布,同时有栽培种分布。集中栽培的面积约 730 亩,约有 11 个品种,分布为:北阳镇 412 亩、桥盟街道 198 亩、城关镇 80 亩、黄洞乡 25 亩、西岗镇 35 亩(含蟠桃 20 亩)。

10. 杏

拉丁名:*Armeniaca vulgaris* Lam.

分类:蔷薇科　杏属

形态特征:落叶乔木,高 5~8(12) m;树冠圆形、扁圆形或长圆形;树皮灰褐色,纵裂;多年生枝浅褐色,皮孔大而横生,一年生枝浅红褐色,有光泽,无毛,具多数小皮孔。叶片宽卵形或圆卵形,长 5~9 cm,宽 4~8 cm,先端急尖至短渐尖,基部圆形至近心形,叶边有圆钝锯齿,两面无毛或下面脉腋间具柔毛;叶柄长 2~3.5 cm,无毛,基部常具 1~6 腺体。花单生,直径 2~3 cm,先于叶开放;花梗短,长 1~3 mm,被短柔毛;花萼紫绿色;萼筒圆筒形,外面基部被短柔毛;萼片卵形至卵状长圆形,先端急尖或圆钝,花后反折;花瓣圆形至倒卵形,白色或带红色,具短爪;雄蕊 20~45,稍短于花瓣;子房被短柔毛,花柱稍长或几与雄蕊等长,下部具柔毛。果实球形,稀倒卵形,直径约 2.5 cm 以上,白色、黄色至黄红色,常具红晕,微被短柔毛;果肉多汁,成熟时不开裂;核卵形或椭圆形,两侧扁平,顶端圆钝,基部对称,稀不对称,表面稍粗糙或平滑,腹棱较圆,常稍钝,背棱较直,腹面具龙骨状棱;种仁味苦或甜。花期 3—4 月,果期 6—7 月。

分布及用途:杏是我国的乡土树种,淇县有 10 个杏树品种,在平原和丘陵都有栽植,是优质的经济林树种。面积约 147 亩,分布为:北阳镇 142 亩、桥盟街道 5 亩。

11. 李

拉丁名:*Prunus salicina* Lindl.

分类:蔷薇科　李属

形态特征:落叶乔木,高 9~12 m;树冠广圆形,树皮灰褐色,起伏不平;老枝紫褐色或红褐色,无毛;小枝黄红色,无毛;冬芽卵圆形,红紫色,有数枚覆瓦状排列鳞片,通常无毛,稀鳞片边缘有极稀疏毛。叶片长圆倒卵形、长椭圆形,稀长圆卵形,长 6~8(~12) cm,宽 3~5 cm,先端渐尖、急尖或短尾尖,基部楔形,边缘有圆钝重锯齿,常混有单锯齿,幼时齿尖带腺,上面深绿色,有光泽,侧脉 6~10 对,不达到叶片边缘,与主脉成 45°角,两面均无毛,有时下面沿主脉有稀疏柔毛或脉腋有髯毛;托叶膜质,线形,先端渐尖,边缘有腺,早落;叶柄长 1~2 cm,通常无毛,顶端有 2 个腺体或无,有时在叶片基部边缘有腺体。花通常 3 朵并生;花梗 1~2 cm,通常无毛;花直径 1.5~2.2 cm;萼筒钟状;萼片长圆卵形,长约 5 mm,先端急尖或圆钝,边有疏齿,与萼筒近等长,萼筒和萼片外面均无毛,内面在萼筒基部被疏柔毛;花瓣白色,长圆倒卵形,先端啮蚀状,基部楔形,有明显带紫色脉纹,具短爪,着生在萼筒边缘,比萼筒长 2~3 倍;雄蕊多数,花丝长短不等,排成不规则 2 轮,比花瓣短;雌蕊 1,柱头盘状,花柱比雄蕊稍长。核果球形、卵球形或近圆锥形,直径 3.5~5 cm,栽培品种可达 7 cm,黄色或红色,有时为绿色或紫色,梗凹陷入,顶端微尖,基部有纵沟,外被蜡粉;核卵圆形或长圆形,有皱纹。花期 4 月,果期 7—8 月。

分布及用途:是我国的乡土树种,也是优质的经济林树种。在淇县有 4 个品种,集中栽植面积约 231 亩,分布为:北阳镇 206 亩、桥盟街道 25 亩。

12. 紫叶李

拉丁名：*Prunus cerasifera Ehrhar f. atropurpurea*（Jacq.）Reh

分类：蔷薇科　李属

形态特征：别名：红叶李。灌木或落叶小乔木,高可达 8 m。多分枝,枝条细长,开展,暗灰色,有时有棘刺;小枝暗红色;冬芽卵圆形,先端急尖,有数枚覆瓦状排列鳞片,紫红色,有时鳞片边缘有稀疏缘毛。叶片椭圆形、卵形或倒卵形,极稀椭圆状披针形,先端急尖,基部楔形或近圆形,边缘有圆钝锯齿,有时混有重锯齿,上面深绿色,中脉微下陷,下面颜色较淡,除沿中脉有柔毛或脉腋有髯毛外,其余部分无毛,中脉和侧脉均突起,侧脉 5~8 对;托叶膜质,披针形,先端渐尖,边有带腺细锯齿,早落。花 1 朵,稀 2 朵。无毛或微被短柔毛;花直径 2~2.5 cm;萼筒钟状,萼片长卵形,先端圆钝,边有疏浅锯齿,与萼片近等长,萼筒和萼片外面无毛,萼筒内面有疏生短柔毛;花瓣白色,长圆形或匙形,边缘波状,基部楔形,着生在萼筒边缘;雄蕊 25~30,花丝长短不等,紧密地排成不规则 2 轮,比花瓣稍短;雌蕊 1,心皮被长柔毛,柱头盘状,花柱比雄蕊稍长,基部被稀长柔毛。核果近球形或椭圆形,长宽几相等,直径 1~3 cm,黄色、红色或黑色,微被蜡粉,具有浅侧沟,黏核;核椭圆形或卵球形,先端急尖,浅褐带白色,表面平滑或粗糙或有时呈蜂窝状,背缝具沟,腹缝有时扩大具 2 侧沟。花期 4 月,果期 8 月。

分布及用途：淇县城区绿化广泛栽植。集中栽植面积约 155 亩,分布为：高村镇 110 亩、庙口镇 32 亩、北阳镇 10 亩、桥盟街道 3 亩。

13. 碧桃

拉丁名：*Amygdalus persica L. var. persica f. duplex Rehd.*

分类：蔷薇科　桃属

形态特征：是李亚科,桃属植物桃的变种,属于观赏桃花类的半重瓣及重瓣品种,统称为碧桃。乔木,高 3~8 m;树冠宽广而平展;树皮暗红褐色,老时粗糙呈鳞片状;小枝细长,无毛,有光泽,绿色,向阳处转变成红色,具大量小皮孔;冬芽圆锥形,顶端钝,外被短柔毛,常 2~3 个簇生,中间为叶芽,两侧为花芽。叶片长圆披针形、椭圆披针形或倒卵状披针形,长 7~15 cm,宽 2~3.5 cm,先端渐尖,基部宽楔形,上面无毛,下面在脉腋间具少数短柔毛或无毛,叶边具细锯齿或粗锯齿,齿端具腺体或无腺体;叶柄粗壮,长 1~2 cm,常具 1 至数枚腺体,有时无腺体。花单生,先于叶开放,直径 2.5~3.5 cm;花梗极短或几无梗;萼筒钟形,被短柔毛,稀几无毛,绿色而具红色斑点;萼片卵形至长圆形,顶端圆钝,外被短柔毛;花瓣长圆状椭圆形至宽倒卵形,粉红色,罕为白色;雄蕊 20~30,花药绯红色;花柱几与雄蕊等长或稍短;子房被短柔毛。果实形状和大小均有变异,卵形、宽椭圆形或扁圆形,直径(3)5~7(12) cm,长几与宽相等。花期 3—4 月,果实成熟期因品种而异,通常为 8—9 月。

分布及用途：观赏价值高,淇县小区、公园、街道随处可见。集中栽培的面积约 300 亩,高村镇靳庄 200 亩、石河岸 100 亩。

14. 樱桃

拉丁名：*Cerasus pseudocerasus*（Lindl.）G.Don

分类：蔷薇科　樱属

形态特征:落叶乔木,高 2~6 m,树皮灰白色。小枝灰褐色,嫩枝绿色,无毛或被疏柔毛。冬芽卵形,无毛。叶片卵形或长圆状卵形,长 5~12 cm,宽 3~5 cm,先端渐尖或尾状渐尖,基部圆形,边有尖锐重锯齿,齿端有小腺体,上面暗绿色,近无毛,下面淡绿色,沿脉或脉间有稀疏柔毛,侧脉 9~11 对;叶柄长 0.7~1.5 cm,被疏柔毛,先端有 1 或 2 个大腺体;托叶早落,披针形,有羽裂腺齿。花序伞房状或近伞形,有花 3~6 朵,先叶开放;总苞倒卵状椭圆形,褐色,长约 5 mm,宽约 3 mm,边有腺齿;花梗长 0.8~1.9 cm,被疏柔毛;萼筒钟状,长 3~6 mm,宽 2~3 mm,外面被疏柔毛,萼片三角卵圆形或卵状长圆形,先端急尖或钝,边缘全缘,长为萼筒的一半或过半;花瓣白色,卵圆形,先端下凹或二裂;雄蕊30~35枚,栽培者可达 50 枚。花柱与雄蕊近等长,无毛。核果近球形,红色,直径 0.9~1.3 cm。花期 3—4 月,果期 5—6 月。

分布及用途:是优质的经济林树种,淇县有 2 个品种。集中栽培面积约 196 亩,分布为:北阳镇 154 亩、桥盟街道 42 亩。

15. 樱花

拉丁名:*Cerasus* sp.

分类:蔷薇科　樱属

形态特征:落叶乔木,高 4~16 m,树皮灰色。小枝淡紫褐色,无毛,嫩枝绿色,被疏柔毛。冬芽卵圆形,无毛。叶片椭圆卵形或倒卵形,长 5~12 cm,宽 2.5~7 cm,先端渐尖或骤尾尖,基部圆形,稀楔形,边有尖锐重锯齿,齿端渐尖,有小腺体,上面深绿色,无毛,下面淡绿色,沿脉被稀疏柔毛,有侧脉 7~10 对;叶柄长 1.3~1.5 cm,密被柔毛,顶端有 1~2 个腺体或有时无腺体;托叶披针形,有羽裂腺齿,被柔毛,早落。花序伞形总状,总梗极短,有花 3~4 朵,先叶开放,花直径 3~3.5 cm;总苞片褐色,椭圆卵形,长 6~7 mm,宽 4~5 mm,两面被疏柔毛;苞片褐色,匙状长圆形,长约 5 mm,宽 2~3 mm,边有腺体;花梗长 2~2.5 cm,被短柔毛;萼筒管状,长 7~8 mm,宽约 3 mm,被疏柔毛;萼片三角状长卵形,长约 5 mm,先端渐尖,边有腺齿;花瓣白色或粉红色,椭圆卵形,先端下凹,全缘二裂;雄蕊约 32 枚,短于花瓣;花柱基部有疏柔毛。核果近球形,直径 0.7~1 cm,黑色,核表面略具棱纹。花期 4 月,果期 5 月。

分布及用途:淇县游园、公园、庭院都有广泛栽植,品种有早樱、晚樱等。集中栽培面积约 204 亩,分布为:高村镇 150 亩、桥盟街道 40 亩、北阳镇 10 亩、西岗镇 4 亩。

十三、豆科

1. 皂荚

拉丁名:*Gleditsia sinensis* Lam.

分类:豆科　皂荚属

形态特征:别名皂荚树、皂角、猪牙皂、牙皂。落叶乔木或小乔木,高可达 30 m;枝灰色至深褐色;刺粗壮,圆柱形,常分枝,多呈圆锥状。叶为一回羽状复叶,边缘具细锯齿,上面被短柔毛,下面中脉上稍被柔毛;网脉明显,在两面凸起;小叶柄被短柔毛。花杂性,黄白色,组成总状花序;花序腋生或顶生;雄花花瓣长圆形。荚果带状,长 12~37 cm,宽 2~4 cm,劲直或扭曲,果肉稍厚,两面鼓起,或有的荚果短小,多少呈柱形,长 5~13 cm,宽

1~1.5 cm,弯曲作新月形,通常称猪牙皂,内无种子;果颈长 1~3.5 cm;果瓣革质,褐棕色或红褐色,常被白色粉霜;种子多颗,长圆形或椭圆形,长 11~13 mm,宽 8~9 mm,棕色,光亮。花期 3—5 月,果期 5—12 月。

分布及用途:是我国的乡土树种,可用于水土保持,也可药用、用材。皂荚树的荚果、种子、枝刺等均可入药。沿淇河有零星自然分布。北阳镇有集中栽植的片林 370 亩。

2. 合欢

拉丁名:*Albizzia julibrissin* Durazz.

分类:豆科 合欢属

形态特征:又名绒花树、马缨花。落叶乔木,高可达 16 m。树干灰黑色;嫩枝、花序和叶轴被茸毛或短柔毛。托叶线状披针形,较小叶小,早落;二回羽状复叶,互生;总叶柄长 3~5 cm;总花柄近基部及最顶 1 对羽片着生处各有一枚腺体;羽片 4~12 对,栽培的有时达 20 对;小叶 10~30 对,线形至长圆形,长 6~12 mm,宽 1~4 mm,向上偏斜,先端有小尖头,有缘毛,有时在下面或仅中脉上有短柔毛;中脉紧靠上边缘。头状花序在枝顶排成圆锥状花序;花粉红色;花萼管状,长 3 mm;花冠长 8 mm,裂片三角形,长 1.5 mm,花萼、花冠外均被短柔毛;雄蕊多数,基部合生,花丝细长;子房上位,花柱几与花丝等长,柱头圆柱形。荚果带状,长 9~15 cm,宽 1.5~2.5 cm,嫩荚有柔毛,老荚无毛。花期 6—7 月;果期 8—10 月。

分布及用途:淇县有零星种植。可作景观林、用材林。桥盟街道后张进村集中栽植 1 亩、北阳镇南史庄村集中栽植 1 亩。

3. 紫荆

拉丁名:*Cercis chinensis*

分类:豆科 紫荆属

形态特征:落叶乔木或灌木,高 2~5 m;树皮和小枝灰白色。叶纸质,近圆形或三角状圆形,长 5~10 cm,宽与长相若或略短于长,先端急尖,基部浅至深心形,两面通常无毛,嫩叶绿色,仅叶柄略带紫色,叶缘膜质透明,新鲜时明显可见。花紫红色或粉红色,2~10 余朵成束,簇生于老枝和主干上,尤以主干上花束较多,越到上部幼嫩枝条则花越少,通常先于叶开放,但嫩枝或幼株上的花则与叶同时开放,花长 1~1.3 cm;花梗长 3~9 mm;龙骨瓣基部具深紫色斑纹;子房嫩绿色,花蕾时光亮无毛,后期则密被短柔毛,有胚珠 6~7 颗。荚果扁狭长形,绿色,长 4~8 cm,宽 1~1.2 cm,翅宽约 1.5 mm,先端急尖或短渐尖,喙细而弯曲,基部长渐尖,两侧缝线对称或近对称;果颈长 2~4 mm;种子 2~6 颗,阔长圆形,长 5~6 mm,宽约 4 mm,黑褐色,光亮。花期 3—4 月,果期 8—10 月。

分布及用途:是我国的乡土树种,在淇县街头广泛栽植,是城市园林绿化的主要景观树种。西岗镇河口有集中栽培的片林 40 亩。

4. 槐

拉丁名:*Sophora japonica* Linn.

分类:豆科 槐属

形态特征:又名国槐,树型高大,高达 25 m。其羽状复叶和刺槐相似。树皮灰褐色,具纵裂纹。当年生枝绿色,无毛。羽状复叶长达 25 cm;叶轴初被疏柔毛,旋即脱净;叶柄基部膨大,包裹着芽;托叶形状多变,有时呈卵形,叶状,有时线形或钻状,早落。圆锥花序顶生,常呈金字塔形,长达 30 cm;花梗比花萼短;小苞片 2 枚,形似小托叶;花萼浅钟状,长约 4 mm,萼齿 5,近等大,圆形或钝三角形,被灰白色短柔毛,萼管近无毛;花冠白色或淡黄色,旗瓣近圆形,长和宽约 11 mm,具短柄,有紫色脉纹,先端微缺,基部浅心形,翼瓣卵状长圆形,长 10 mm,宽 4 mm,先端浑圆,基部斜戟形,无皱褶,龙骨瓣阔卵状长圆形,与翼瓣等长,宽达 6 mm;雄蕊近分离,宿存;子房近无毛。荚果串珠状,长 2.5~5 cm 或稍长,径约 10 mm,种子间缢缩不明显,种子排列较紧密,具肉质果皮,成熟后不开裂,具种子 1~6 粒;种子卵球形,淡黄绿色,干后黑褐色。花期 6—7 月,果期 8—10 月。

分布及用途:是我国的乡土树种,可作用材林、景观林。淇县广泛栽植,集中栽培的面积约 205 亩,分布为:高村镇 120 亩、西岗镇 60 亩、桥盟街道 15 亩、北阳镇 10。

5. 龙爪槐

拉丁名:*Sophora japonica var. pendula Hort*

分类:豆科　槐属

形态特征:龙爪槐是国槐的芽变品种,落叶乔木。羽状复叶长达 25 cm;叶轴初被疏柔毛,旋即脱净;叶柄基部膨大,包裹着芽;托叶形状多变,有时呈卵形,叶状,有时线形或钻状,早落。小叶 4~7 对,对生或近互生,纸质,卵状披针形或卵状长圆形,长 2.5~6 cm,宽 1.5~3 cm,先端渐尖,具小尖头,基部宽楔形或近圆形,稍偏斜,下面灰白色,初被疏短柔毛,旋变无毛;小托叶 2 枚,钻状。圆锥花序顶生,常呈金字塔形,长达 30 cm;荚果串珠状,长 2.5~5 cm 或稍长,径约 10 mm,种子间缢缩不明显,种子排列较紧密,具肉质果皮,成熟后不开裂,具种子 1~6 粒;种子卵球形,淡黄绿色,干后黑褐色。花期 7—8 月,果期 8—10 月。

分布及用途:树冠优美,花芳香,在庭院、游园零星栽植,是行道树和优良的蜜源植物,形态多变,产生许多变种和变型。

6. 五叶槐

拉丁名:*Sophora japonica Linn. var. japonica f. oligophylla Franch.*

分类:豆科　槐属

形态特征:落叶乔木,高达 25 m;树皮灰褐色,具纵裂纹。当年生枝绿色,无毛。羽状复叶长达 25 cm;叶轴初被疏柔毛,旋即脱净;复叶只有小叶 1~2 对,集生于叶轴先端成为掌状,或仅为规则的掌状分裂,下面常疏被长柔毛。圆锥花序顶生,常呈金字塔形,长达 30 cm。荚果串珠状,长 2.5~5 cm 或稍长,径约 10 mm,具种子 1~6 粒;种子卵球形,淡黄绿色,干后黑褐色。花期 7—8 月,果期 8—10 月。

分布及用途:淇县安钢植物园中有零星栽植。五叶槐是槐的变种之一,观赏价值高,最宜孤植或丛植于草坪,也可用于厂区绿化,对二氧化硫、氯气等有较强的抗性。

7. 刺槐

拉丁名:*Robinia pseudoacacia L.*

分类:豆科　刺槐属

形态特征:别名洋槐,落叶乔木,高 10~25 m;树皮灰褐色至黑褐色。小枝灰褐色,幼时有棱脊,微被毛,后无毛;具托叶刺,长达 2 cm。羽状复叶长 10~25(~40) cm;叶轴上面具沟槽。总状花序腋生,长 10~20 cm;苞片早落;花梗长 7~8 mm;花萼斜钟状,花柱钻形,长约 8 mm,上弯,顶端具毛,柱头顶生。荚果褐色,或具红褐色斑纹,线状长圆形,长5~12 cm,宽 1~1.3(~1.7) cm,扁平,先端上弯;花萼宿存,有种子 2~15 粒;种子褐色至黑褐色,微具光泽,有时具斑纹,近肾形,长 5~6 mm,宽约 3 mm,种脐圆形,偏于一端。花期 4—6 月,果期 8—9 月。

分布及用途:刺槐根系浅而发达,易风倒,适应性强,为优良固沙保土树种。可作为行道树、庭荫树、景观树。

十四、芸香科

花椒

拉丁名:*Zanthoxylum bungeanum* Maxim.

分类:芸香科　花椒属

形态特征:落叶小乔木;高可达 7 m 的茎干上的刺常早落,枝有短刺,叶有小叶片,叶轴常有甚狭窄的叶翼;小叶片对生,无柄,卵形、椭圆形,稀披针形,位于叶轴顶部的较大,叶缘有细裂齿,齿缝有油点。其余无或散生肉眼可见的油点,中脉在叶面微凹陷,花序顶生或生于侧枝之顶,花序轴及花梗密被短柔毛或无毛;花被片黄绿色,形状及大小大致相同;雌花很少有发育雄蕊,有心皮,花柱斜向背弯。果紫红色,单个分果瓣散生微凸起的油点,顶端有甚短的芒尖或无;4~5 月开花,8~9 月或 10 月结果。

分布及用途:是我国乡土树种,也是优质的经济林树种。全县栽植面积为 2 215 亩,集中栽植分布为:黄洞乡栽植面积较大,约 1 995 亩;桥盟街道 210 亩;城关镇 10 亩。约有 4 个品种,以大红袍品种居多。

十五、苦木科

臭椿

拉丁名:*Ailanthus altissima*

分类:苦木科　臭椿属

形态特征:原名樗(chū),又名椿树和木礃树,因叶基部腺点发散臭味而得名。落叶乔木,高可达 20 余 m,树皮平滑而有直纹;嫩枝有髓,幼时被黄色或黄褐色柔毛,后脱落。叶为奇数羽状复叶,长 40~60 cm,叶柄长 7~13 cm,有小叶 13~27;小叶对生或近对生,纸质,卵状披针形,长 7~13 cm,宽 2.5~4 cm,先端长渐尖,基部偏斜,截形或稍圆,两侧各具1 个或 2 个粗锯齿,齿背有腺体 1 个,叶面深绿色,背面灰绿色,揉碎后具臭味。圆锥花序长 10~30 cm;花淡绿色,花梗长 1~2.5 mm;萼片 5,覆瓦状排列,裂片长 0.5~1 mm;花瓣5,长 2~2.5 mm,基部两侧被硬粗毛;雄蕊 10,花丝基部密被硬粗毛,雄花中的花丝长于花瓣,雌花中的花丝短于花瓣;花药长圆形,长约 1 mm;心皮 5,花柱黏合,柱头 5 裂。翅果长椭圆形,长 3~4.5 cm,宽 1~1.2 cm;种子位于翅的中间,扁圆形。花期 4—5 月,果期8—10 月。

分布及用途:是我国的乡土树种,分布在淇县的平原、浅山丘陵区,有 2 个品种,可作用材林和景观林。桥盟街道袁庄村有集中栽植的片林 10 亩。

十六、楝科

1. 香椿

拉丁名：*Toona sinensis*

分类：楝科　香椿属

形态特征：又名香椿芽、香桩头、大红椿树、椿天等。落叶乔木；树皮粗糙，深褐色，片状脱落。叶具长柄，偶数羽状复叶，长 30~50 cm 或更长；小叶 16~20，对生或互生，纸质，卵状披针形或卵状长椭圆形，长 9~15 cm，宽 2.5~4 cm，先端尾尖，基部一侧圆形，另一侧楔形，不对称，边全缘或有疏离的小锯齿，背面常呈粉绿色，侧脉每边 18~24 条，平展，与中脉几成直角开出，背面略凸起；有香气，小叶柄长 5~10 mm。花白色，芳香。蒴果狭椭圆形，长 2~3.5 cm，深褐色，有小而苍白色的皮孔，果瓣薄；种子基部通常钝，上端有膜质的长翅，下端无翅。花期 6—8 月，果期 10—12 月。

分布及用途：是我国的乡土树种，在城乡栽植分布较广，是用材林和林副特产品林。北阳镇有集中栽植的片林 4 亩。

2. 楝

拉丁名：*Melia azedarach* L.

分类：楝科　楝属

形态特征：苦楝的通称，落叶乔木，树高达 20 余 m。树冠宽阔而平顶，小枝粗壮。皮孔多而明显，叶互生，2~3 回奇数羽状复叶。小叶卵形至椭圆形，先端渐尖，缘有钝尖锯齿，深浅不一，基部略偏斜。圆锥状复聚伞花序腋生，花淡紫色，有香味。核果近球形，熟时黄色，宿存枝头，经冬不落。树皮暗褐色，幼枝有星状毛，旋即脱落，老枝紫色，有细点状皮孔。2 回羽状复叶，互生，长 20~80 cm；小叶卵形至椭圆形，长 3~7 cm，宽 2~3 cm，基部阔楔形或圆形，先端长尖，边缘有齿缺，上面深绿色，下面浅绿色，幼时有星状毛，稍后除叶脉上有白毛外，余均无毛。圆锥花序腋生；花淡紫色，长约 1 cm；花萼 5 裂，裂片披针形，两面均有毛；花瓣 5 个，平展或反曲，倒披针形；雄蕊管通常暗紫色，长约 7 mm。核果圆卵形或近球形，长约 3 cm，淡黄色，4~5 室，每室具种子 1 枚。花期 4—5 月，果期 10—11 月。

分布及用途：是我国的乡土树种，在淇县淇河边山坡土层较厚处有自然分布，荒山点播效果良好。可作用材林和景观林。集中栽培 35 亩，其中庙口镇 30 亩、北阳镇 3 亩。

十七、大戟科

1. 重阳木

拉丁名：*Bischofia polycarpa*（Levl.）Airy Shaw

分类：大戟科　重阳木属

形态特征：落叶乔木，高达 15 m，胸径 50 cm，有时达 1 m；树皮褐色，厚 6 mm，纵裂；木材表面槽棱不显；树冠伞形状，大枝斜展，小枝无毛，当年生枝绿色，皮孔明显，灰白色，老枝变褐色，皮孔变锈褐色；芽小，顶端稍尖或钝，具有少数芽鳞；全株均无毛。三出复叶；叶柄长 9~13.5 cm；顶生小叶通常较两侧的大，小叶片纸质，卵形或椭圆状卵形，有时长圆状卵形，长 5~9（14）cm，宽 3~6（9）cm，顶端突尖或短渐尖，基部圆或浅心形，边缘具钝细锯齿,每 1 cm 长 4~5 个;顶生小叶柄长 1.5~4(6) cm,侧生小叶柄长 3~14 mm;托叶小,早落。花雌雄异株,春季与叶同时开放,组成总状花序;花序通常着生于新枝的下部,花序轴纤细而下垂;雄花序长 8~13 cm;雌花序长 3~12 cm;雄花萼片半圆形,膜质,向外张开,花丝短,有明显的退化;雌花萼片与雄花的相同,有白色膜质的边缘;子房 3~4 室,每室 2 胚珠,花柱 2~3,顶端不分裂。果实浆果状,圆球形,直径 5~7 mm,成熟时褐红色。花期 4—5 月,果期 10—11 月。

分布及用途:淇县有零星栽植,可作为用材林、景观林。

2. 乌桕

拉丁名:*Sapium sebiferum*(L.)Roxb.

分类:大戟科　乌桕属

形态特征:落叶乔木,高可达 15 m 许,各部均无毛而具乳状汁液;树皮暗灰色,有纵裂纹;枝广展,具皮孔。叶互生,纸质,叶片菱形、菱状卵形或稀有菱状倒卵形,长 3~8 cm,宽 3~9 cm,顶端骤然紧缩,具长短不等的尖头,基部阔楔形或钝,全缘;中脉两面微凸起,侧脉 6~10 对,纤细,斜上升,离缘 2~5 mm 弯拱网结,网状脉明显;叶柄纤细,长 2.5~6 cm,顶端具 2 腺体;托叶顶端钝,长约 1 mm。花单性,雌雄同株,聚集成顶生、长 6~12 cm 的总状花序,雌花通常生于花序轴最下部或罕有在雌花下部,亦有少数雄花着生,雄花生于花序轴上部或有时整个花序全为雄花。蒴果梨状球形,成熟时黑色,直径 1~1.5 cm。具 3 种子,分果爿脱落后而中轴宿存;种子扁球形,黑色,长约 8 mm,宽 6~7 mm,外被白色、蜡质的假种皮。花期 4—8 月。

分布及用途:乌桕是一种色叶树种,春秋季叶色红艳夺目,为中国特有的经济树种,是乡土树种。淇县城区、农村有零星栽植,可作为木本油料、景观林。

十八、漆树科

1. 黄连木

拉丁名:*Pistacia chinensis* Bunge

分类:漆树科　黄连木属

形态特征:落叶性乔木,高 15~25 m。阳性树,树性强健,深根性,生长速度中等。因材质鲜黄得名,寿命长,树龄可达 300 年以上。材质坚硬致密,而老树心材易腐。其叶为奇数羽状复叶,质感轻雅。小叶 5~10 片,披针形、左右异形。冬季叶色变黄后红落叶,3 月中旬红色新叶萌发甚美。雌雄异株,3 月开花,雌花红紫色、圆锥花序,雄花淡绿色、总状花序。果实为倒卵状核果,有红、绿两种,红色的多虚粒,绿色果实饱满,9—10 月成熟。

分布及用途:是我国的乡土树种,也是珍贵树种。淇县的太行山区分布较多,淇河两岸山坡阳坡有自然分布,部分乡镇有人工栽植的片林。可作水土保持、木本油料、用材、景观林。

2. 火炬树

拉丁名:*Rhus typhina*

分类:漆树科　盐肤木属

形态特征:别名鹿角漆树,落叶小乔木。高达 12 m。柄下芽。小枝密生灰色茸毛。

奇数羽状复叶,小叶19~23(11~31),长椭圆状至披针形,长5~13 cm,缘有锯齿,先端长渐尖,基部圆形或宽楔形,上面深绿色,下面苍白色,两面有茸毛,老时脱落,叶轴无翅。圆锥花序顶生、密生茸毛,花淡绿色,雌花花柱有红色刺毛。核果深红色,密生茸毛,花柱宿存、密集成火炬形。花期6—7月,果期8—9月。

分布及用途:淇县太行山区分布较多,火炬树繁殖速度快,可用于荒山绿化。果实9月成熟后经久不落,而且秋后树叶会变红,十分壮观,也可作荒地风景林树种。

3. 漆树

拉丁名:_Toxicodendron vernicifluum_(Stokes)F. A. Barkl.

分类:漆树科　漆属

形态特征:落叶乔木,高达20 m,树皮灰白色,粗糙,呈不规则纵裂,小枝粗壮,被棕黄色柔毛,后变无毛,具圆形或心形的大叶痕和突起的皮孔;顶芽大而显著,被棕黄色茸毛。奇数羽状复叶互生,常螺旋状排列,有小叶4~6对,叶轴圆柱形,被微柔毛;叶柄长7~14 cm,被微柔毛,近基部膨大,半圆形,上面平;小叶膜质至薄纸质,卵形或卵状椭圆形或长圆形,长6~13 cm,宽3~6 cm,先端急尖或渐尖,基部偏斜,圆形或阔楔形,全缘,叶面通常无毛或仅沿中脉疏被微柔毛,叶背沿脉上被平展黄色柔毛,稀近无毛,侧脉10~15对,两面略突;小叶柄长4~7 mm,上面具槽,被柔毛。圆锥花序长15~30 cm,与叶近等长,被灰黄色微柔毛,序轴及分枝纤细,疏花;花黄绿色,雄花花梗纤细,长1~3 mm,雌花花梗短粗;花萼无毛,裂片卵形,长约0.8 mm,先端钝;花瓣长圆形,长2.5 mm,宽约1.2 mm,具细密的褐色羽状脉纹,先端钝,开花时外卷;雄蕊长约2.5 mm,花丝线形,与花药等长或近等长,在雌花中较短,花药长圆形,花盘5浅裂,无毛;子房球形,径约1.5 mm,花柱3。果序多少下垂,核果肾形或椭圆形,不偏斜,略压扁,长5~6 mm,宽7~8 mm,先端锐尖,基部截形,外果皮黄色,无毛,具光泽,成熟后不裂,中果皮蜡质,具树脂道条纹,果核棕色,与果同形,长约3 mm,宽约5 mm,坚硬。花期5—6月,果期7—10月。

分布及用途:淇县有零星栽植,可作经济林、用材林。

4. 黄栌

拉丁名:_Cotinus coggygria_ Scop.

分类:漆树科　黄栌属

形态特征:别名红叶、红叶黄栌、黄道栌。落叶小乔木或灌木,树冠圆形,高可达3~8 m,木质部黄色,树汁有异味;单叶互生,叶片全缘或具齿,叶柄细,无托叶,叶倒卵形或卵圆形。圆锥花序疏松、顶生,花小、杂性,仅少数发育;不育花的花梗花后伸长,被羽状长柔毛,宿存;苞片披针形,早落;花萼5裂,宿存,裂片披针形;花瓣5枚,长卵圆形或卵状披针形,长度为花萼大小的2倍;雄蕊5枚,着生于环状花盘的下部,花药卵形,与花丝等长,花盘5裂,紫褐色;子房近球形,偏斜,1室1胚珠;花柱3枚,分离,侧生而短,柱头小而退化。核果小,干燥,肾形扁平,绿色,侧面中部具残存花柱;外果皮薄,具脉纹,不开裂;内果皮角质;种子肾形,无胚乳。花期5—6月,果期7—8月。

分布及用途:是我国乡土树种,淇县有3个品种,在城区公园、道路都有栽植。叶片秋季变红,是观赏红叶树种,可作景观林、用材林、药用林、工业原料林。

十九、槭树科

1. 元宝枫

拉丁名：*Acer truncatum* Bunge

分类：槭树科　槭属

形态特征：落叶乔木,高 8~10 m;树皮纵裂。单叶对生,主脉 5 条,掌状,叶柄长 3~5 cm。伞房花序顶生;掌状 5 裂,裂片先端渐尖,有时中裂片或中部 3 裂片又 3 裂,叶基通常截形,最下部 2 裂片有时向下开展。花小,黄绿色,花成顶生聚伞花序,4 月花与叶同开放。翅果扁平,翅较宽而略长于果核,形似元宝。花期在 5 月,果期在 9 月。

分布及用途：是我国的乡土树种,也是珍贵树种。淇县浅山区和平原都有栽植,可作木本油料、用材、景观林。

2. 五角枫

拉丁名：*Acer pictum* subsp. *mono*

分类：槭树科　槭属

形态特征：又名五角槭,落叶乔木,高达 15~20 m,树皮粗糙,常纵裂,灰色,稀深灰色或灰褐色。小枝细瘦,无毛,当年生枝绿色或紫绿色,多年生枝灰色或淡灰色,具圆形皮孔。冬芽近于球形,鳞片卵形,外侧无毛,边缘具纤毛。叶纸质,基部截形或近于心脏形,叶片的外貌近于椭圆形,长 6~8 cm,宽 9~11 cm,常 5 裂,有时 3 裂及 7 裂的叶生于同一树上;裂片卵形,先端锐尖或尾状锐尖,全缘,裂片间的凹缺常锐尖,深达叶片的中段,上面深绿色,无毛,下面淡绿色,除在叶脉上或脉腋被黄色短柔毛外,其余部分无毛;主脉 5 条,在上面显著,在下面微凸起,侧脉在两面均不显著;叶柄长 4~6 cm,细瘦,无毛。花多数,杂性,雄花与两性花同株,多数常成无毛的顶生圆锥状伞房花序,长与宽均约 4 cm,生于有叶的枝上,花序的总花梗长 1~2 cm,花的开放与叶的生长同时;萼片 5,黄绿色,长圆形,顶端钝形,长 2~3 mm;花瓣 5,淡白色,椭圆形或椭圆倒卵形,长约 3 mm;雄蕊 8,无毛,比花瓣短,位于花盘内侧的边缘,花药黄色,椭圆形;子房无毛或近于无毛,在雄花中不发育,花柱无毛,很短,柱头 2 裂,反卷;花梗长 1 cm,细瘦,无毛。翅果嫩时紫绿色,成熟时淡黄色;小坚果压扁状,长 1~1.3 cm,宽 5~8 mm;翅长圆形,宽 5~10 mm,连同小坚果长 2~2.5 cm,张开成锐角或近于钝角。花期 5 月,果期 9 月。

分布及用途：是我国的乡土树种,也是珍贵树种。淇县浅山区和平原广泛栽植,可作水土保持、用材、景观、林化工业原料林。集中栽植的片林约 30 亩,其中北阳镇 20 亩、西岗镇 10 亩。

3. 鸡爪槭

拉丁名：*Acer palmatum* Thunb.

分类：槭树科　槭属

形态特征：落叶小乔木,树冠伞形,树皮平滑深灰色。小枝细瘦;当年生枝紫色或淡紫绿色,多年生枝淡灰紫色或深紫色。叶纸质,外貌圆形,直径 6~10 cm,基部心脏形或近于心脏形稀截形,5~9 掌状分裂,通常 7 裂,裂片长圆卵形或披针形,先端锐尖或长锐尖,边缘具紧贴的尖锐锯齿;裂片间的凹缺钝尖或锐尖,深达叶片直径的 1/2 或 1/3;上面深绿色,无毛;下面淡绿色,在叶脉的脉腋被有白色丛毛;主脉在上面微显著,在下面凸起;叶柄长 4~6 cm,细瘦,无毛。花紫色,杂性,雄花与两性花同株,生于无毛的伞房花序,总花梗长 2~3 cm,叶发出以后才开花;萼片 5,卵状披针形,先端锐尖,长 3 mm;花瓣 5,椭圆形或倒卵形,先端钝圆,长约 2 mm;雄蕊 8,无毛,较花瓣略短而藏于其内;花盘位于雄蕊的外侧,微裂;子房无毛,花柱长,2 裂,柱头扁平,花梗长约 1 cm,细瘦,无毛。翅果嫩时紫红色,成熟时淡棕黄色;小坚果近球形,直径 7 mm,脉纹显著;翅与小坚果共长 2~2.5 cm,宽 1 cm,张开呈钝角。花期 5 月,果期 9 月。

分布及用途:零星分布在淇县城区内,是重要的园林观叶树种。

4. 复叶槭

拉丁名:*Acer negundo* L.

分类:槭树科　槭属

形态特征:落叶乔木,高达 20 m。树皮黄褐色或灰褐色。小枝圆柱形,无毛,当年生枝绿色,多年生枝黄褐色。冬芽小,鳞片 2,镊合状排列。羽状复叶,长 10~25 cm,有 3~7(稀 9)枚小叶;小叶纸质,卵形或椭圆状披针形,长 8~10 cm,宽 2~4 cm,先端渐尖,基部钝形或阔楔形,边缘常有 3~5 个粗锯齿,稀全缘,中小叶的小叶柄长 3~4 cm,侧生小叶的小叶柄长 3~5 mm,上面深绿色,无毛,下面淡绿色,除脉腋有丛毛外其余部分无毛;主脉和 5~7 对侧脉均在下面显著;叶柄长 5~7 cm,嫩时有稀疏的短柔毛,其后无毛。雄花的花序聚伞状,雌花的花序总状,均由无叶的小枝旁边生出,常下垂,花梗长 1.5~3 cm,花小,黄绿色,开于叶前,雌雄异株,无花瓣及花盘,雄蕊 4~6,花丝很长,子房无毛。小坚果凸起,近于长圆形或长圆卵形,无毛;翅宽 8~10 mm,稍向内弯,连同小坚果长 3~3.5 cm,张开成锐角或近于直角。花期 4—5 月,果期 9 月。

分布及用途:淇县广泛栽植,用作行道树或庭园树,绿化城市或厂矿。高村镇靳庄有集中栽培的片林约 400 亩。

二十、七叶树科

七叶树

拉丁名:*Aesculus chinensis* Bunge

分类:七叶树科　七叶树属

形态特征:落叶乔木,高达 25 m,树皮深褐色或灰褐色,小枝圆柱形,黄褐色或灰褐色,有淡黄色的皮孔。冬芽大形,有树脂。掌状复叶,由 5~7 小叶组成,上面深绿色,无毛,下面除中肋及侧脉的基部嫩时有疏柔毛外,其余部分无毛。花序圆筒形,花序总轴有微柔毛,小花序常由 5~10 朵花组成,平斜向伸展,有微柔毛。花杂性,雄花与两性花同株,花萼管状钟形,花瓣 4,白色,长圆倒卵形至长圆倒披针形。果实球形或倒卵圆形,黄褐色,无刺,具很密的斑点。种子常 1~2 粒发育,近于球形,栗褐色;种脐白色,约占种子体积的 1/2。花期 4—5 月,果期 10 月。

分布及用途:是我国的乡土树种,可以作用材、景观林。淇县城区内有零星分布。庙口镇有集中栽植的片林约 40 亩。

二十一、无患子科

栾树

拉丁名:*Koelreuteria paniculata*

分类:无患子科　栾树属

形态特征:落叶乔木或灌木;树皮厚,灰褐色至灰黑色,老时纵裂;皮孔小,灰至暗褐色;小枝具疣点,与叶轴、叶柄均被皱曲的短柔毛或无毛。叶丛生于当年生枝上,平展,一回、不完全二回或偶有为二回羽状复叶,长可达 50 cm;小叶(7~)11~18 片,无柄或具极短的柄,对生或互生,纸质,卵形、阔卵形至卵状披针形,顶端短尖或短渐尖,基部钝至近截形,边缘有不规则的钝锯齿,齿端具小尖头,有时近基部的齿疏离呈缺刻状,或羽状深裂达中肋而形成二回羽状复叶,上面仅中脉上散生皱曲的短柔毛,下面在脉腋具髯毛,有时小叶背面被茸毛。聚伞圆锥花序长 25~40 cm,密被微柔毛,分枝长而广展,在末次分枝上的聚伞花序具花 3~6 朵,密集呈头状;苞片狭披针形,被小粗毛;花淡黄色,稍芬芳;花瓣 4,开花时向外反折,线状长圆形,被长柔毛,瓣片基部的鳞片初时黄色,开花时橙红色,参差不齐的深裂,被疣状皱曲的毛;雄蕊 8,在雄花中的长 7~9 mm,雌花中的长 4~5 mm,花丝下半部密被白色、开展的长柔毛;花盘偏斜,有圆钝小裂片;蒴果圆锥形,具 3 棱,长 4~6 cm,顶端渐尖,果瓣卵形,外面有网纹,内面平滑且略有光泽;种子近球形,直径6~8 mm。花期 6—8 月,果期 9—10 月。

分布及用途:是我国的乡土树种,淇县广泛栽植于城乡,主要用于行道树。集中栽培的面积约 366 亩,分布为:桥盟街道 190 亩、北阳镇 134 亩、西岗镇 42 亩。

耐寒耐旱,常栽培作庭园观赏树。木材黄白色,易加工,可制家具;叶可作蓝色染料,花供药用,亦可作黄色染料。

二十二、鼠李科

1. 枣

拉丁名:*Ziziphus jujuba* Mill.

分类:鼠李科　枣属

形态特征:落叶乔木,高 3~10 m。小枝常略曲折。叶互生;托叶常成刺状;叶片卵圆形至卵状披针形,长 3~7 cm,宽 2~3.5 cm,先端短尖而钝,基部偏斜,边缘有钝锯齿,基生 3 出脉。聚伞花序腋生;花小,淡黄绿色,有芳香;萼筒为阔倒圆锥形,裂片 5;花瓣 5,雄蕊 5,雌蕊 1,子房陷入花盘内,基部与花盘愈合。核果大,卵形或长圆形,深红色,味甜,核两端锐尖。花期 4—5 月,果期 8—9 月。

分布及用途:是优质的经济林树种,淇县浅山及平原有集中栽培的片林。共有 8 个品种。集中栽培面积达 225 亩,分布为:桥盟街道 160 亩、北阳镇 65 亩。

2. 酸枣

拉丁名:*Ziziphus jujuba* Mill. var. *spinosa*（Bunge）Hu ex H. F.

分类:鼠李科　枣属

形态特征:多野生,常为灌木,也有的为小乔木。树势较强。枝、叶、花的形态与普通枣相似,但枝条节间较短,托刺发达,除生长枝各节均具托刺外,结果枝托叶也成尖细的托刺。叶小而密生,果小,多圆形或椭圆形,果皮厚、光滑、紫红色或紫褐色,肉薄,味大多很酸,核圆或椭圆形,核面较光滑,内含种子1至2枚,种仁饱满可作中药。其适应性较普通枣强,花期很长,可为蜜源植物。果皮红色或紫红色,果肉较薄、疏松、味酸甜。

分布及用途:淇县太行山上野生较为普遍。酸枣的营养价值很高,具有药用价值。酸枣属于野生品种,通过嫁接可转型为各种不同外形的大枣。

二十三、葡萄科

葡萄

拉丁名:*Vitis vinifera* L.

分类:葡萄科 葡萄属

形态特征:木质藤本。树皮成片状剥落;幼枝有毛或无毛;卷须分枝。叶圆卵形,宽7~15 cm,三裂至中部附近,基部心形,边缘有粗齿,两面无毛或下面有短柔毛;叶柄长4~8 cm。圆锥花序与叶对生;花杂性异株,小,淡黄色;花萼盘形;花瓣5,长约2 mm,上部合生呈帽门面,早落;雄蕊5;花盘由5腺体所成;子房2室,每室有2胚珠。浆果椭圆状球形或球形,有白粉。花期4—5月,果期8~9月。

分布及用途:葡萄是世界最古老的果树树种之一。淇县有集中栽培的片林,有品种12个品种,北阳镇有集中栽培30亩。

二十四、椴树科

椴树

拉丁名:*Tilia tuan* Szyszyl.

分类:椴树科 椴树属

形态特征:乔木,高20 m,树皮灰色,直裂;小枝近秃净,顶芽无毛或有微毛。叶卵圆形,长7~14 cm,宽5.5~9 cm,先端短尖或渐尖,基部单侧心形或斜截形,上面无毛,下面初时有星状茸毛,以后变秃净,在脉腋有毛丛,干后灰色或褐绿色,侧脉6~7对,边缘上半部有疏而小的齿突;叶柄长3~5 cm,近秃净。聚伞花序长8~13 cm,无毛;花柄长7~9 mm;苞片狭窄倒披针形,长10~16 cm,宽1.5~2.5 cm,无柄,先端钝,基部圆形或楔形,上面通常无毛,下面有星状柔毛,下半部5~7 cm与花序柄合生;萼片长圆状披针形,长5 mm,被茸毛,内面有长茸毛;花瓣长7~8 mm;退化雄蕊长6~7 mm,雌蕊长5 mm;子房有毛,花柱长4~5 mm。果实球形,宽8~10 mm,无棱,有小突起,被星状茸毛。花期7月。

分布及用途:淇县栽植的品种有辽椴、华东椴、蒙椴、南京椴等4个品种,有经济、食用、医用等多种价值。

二十五、梧桐科

梧桐

拉丁名:*Firmiana platanifolia*(L. f.）Marsili

分类:梧桐科 梧桐属

形态特征:落叶乔木,高达 16 m;树皮青绿色,平滑。小枝粗壮,绿色。单叶互生,长、宽 8~25 cm,3~5 掌状分裂,叶片全缘,基部心形,下面密被或疏生星状毛;叶柄长 6~35 cm。圆锥花序长约 20 cm,被短茸毛;花单性,同株,无花瓣;萼筒长约 2 mm,5 裂,裂片条状披针形,长约 10 mm,外面密生淡黄色短茸毛;雄花的雄蕊柱约与萼裂片等长,花药约 15 枚,生于雄蕊柱顶端;雌花有子房柄,心皮 5,基部分离,有退化雄蕊。蒴果 4~5 瓣,呈骨突果状,在成熟前裂开而成叶状。种子 4~5 粒,球形,生于心皮的边缘近基部处。花期 6—7 月,果期 10 月。

分布及用途:在淇县有零星栽培,是庭园的观赏树木,可作为水土保持林、用材林。

二十六、猕猴桃科

中华猕猴桃

拉丁名:*Actinidia chinensis* Planch.

分类:猕猴桃科　猕猴桃属

形态特征:大型落叶藤本;幼枝或厚或薄地被有灰白色茸毛或褐色长硬毛或铁锈色硬毛状刺毛,老时秃净或留有断损残毛。叶纸质,倒阔卵形至倒卵形或阔卵形至近圆形,长 6~17 cm,宽 7~15 cm,顶端截平形并中间凹入或具突尖、急尖至短渐尖。聚伞花序 1~3 花,花序柄长 7~15 mm,花柄长 9~15 mm;苞片小,卵形或钻形,长约 1 mm,均被灰白色丝状茸毛或黄褐色茸毛。果黄褐色,近球形、圆柱形、倒卵形或椭圆形,长 4~6 cm,被茸毛、长硬毛或刺毛状长硬毛,成熟时秃净或不秃净,具小而多的淡褐色斑点;宿存萼片反折;种子纵径 2.5 mm。

分布及用途:淇县善堂镇、北阳镇有少量栽植。猕猴桃果实的经济价值很高,被冠以维生素 C 之王。

二十七、石榴科

石榴

拉丁名:*Punica granatum* L.

分类:石榴科　石榴属

形态特征:落叶灌木或乔木,高通常 3~5 m,稀达 10 m,枝顶常成尖锐长刺,幼枝具棱角,无毛,老枝近圆柱形。叶通常对生,纸质,矩圆状披针形,长 2~9 cm,顶端短尖、钝尖或微凹,基部短尖至稍钝形,上面光亮,侧脉稍细密;叶柄短。花大,1~5 朵生枝顶;萼筒长 2~3 cm,通常红色或淡黄色,裂片略外展,卵状三角形,长 8~13 mm,外面近顶端有 1 黄绿色腺体,边缘有小乳突;花瓣通常大,红色、黄色或白色,长 1.5~3 cm,宽 1~2 cm,顶端圆形;花丝无毛,长达 13 mm;花柱长超过雄蕊。浆果近球形,直径 5~12 cm,通常为淡黄褐色或淡黄绿色,有时白色,稀暗紫色。种子多数,钝角形,红色至乳白色,肉质的外种皮供食用。

分布及用途:淇县石榴栽植较多,有 6 个品种,桥盟街道小浮沱村集中栽植以色列软籽石榴 40 亩。

二十八、五加科

刺楸

拉丁名：*Kalopanax septemlobus*（Thunb.）Koidz.

分类：五加科　刺楸属

形态特征：落叶乔木，高约 10 m，最高可达 30 m，胸径达 70 cm 以上，树皮暗灰棕色；小枝淡黄棕色或灰棕色，散生粗刺；刺基部宽阔扁平，通常长 5~6 mm，基部宽 6~7 mm，在苗壮枝上的长达 1 cm 以上，宽 1.5 cm 以上。叶纸质，在长枝上互生，在短枝上簇生，圆形或近圆形，直径 9~25 cm，稀达 35 cm，掌状 5~7 浅裂，裂片阔三角状卵形至长圆状卵形，长不及全叶片的 1/2，苗壮枝上的叶片分裂较深，裂片长超过全叶片的 1/2，先端渐尖，基部心形，上面深绿色，无毛或几无毛，下面淡绿色，幼时疏生短柔毛，边缘有细锯齿，放射状主脉 5~7 条，两面均明显；叶柄细长，长 8~50 cm，无毛。圆锥花序大，长 15~25 cm，直径 20~30 cm；伞形花序直径 1~2.5 cm，有花多数；总花梗细长，长 2~3.5 cm，无毛；花梗细长，无关节，无毛或稍有短柔毛，长 5~12 mm；花白色或淡绿黄色；萼无毛，长约 1 mm，边缘有 5 小齿；花瓣 5，三角状卵形，长约 1.5 mm；雄蕊 5；花丝长 3~4 mm；子房 2 室，花盘隆起；花柱合生成柱状，柱头离生。果实球形，直径约 5 mm，蓝黑色；宿存花柱长 2 mm。花期 7—10 月，果期 9—12 月。叶形多变化，有时浅裂，裂片阔三角状卵形，有时分裂较深，裂片长圆状卵形，稀倒卵状长圆形，长不及全叶片的 1/2；苗壮枝上的叶片分裂更深，往往超过全叶片长的 1/2。

分布及用途：是我国的乡土树种，也是珍贵树种。淇县浅山丘陵区有栽植，可作用材林。

二十九、山茱萸科

毛梾

拉丁名：*Swida walteri*（Wanger.）Sojak

分类：山茱萸科　梾木属

形态特征：落叶乔木，高 6~15 m；树皮厚，黑褐色，纵裂而又横裂成块状；幼枝对生，绿色，略有棱角，密被贴生灰白色短柔毛，老后黄绿色，无毛。冬芽腋生，扁圆锥形，长约 1.5 mm，被灰白色短柔毛。叶对生，纸质，椭圆形、长圆椭圆形或阔卵形，长 4~12（~15.5）cm，宽 1.7~5.3（~8）cm，先端渐尖，基部楔形，有时稍不对称，上面深绿色，稀被贴生短柔毛，下面淡绿色，密被灰白色贴生短柔毛，中脉在上面明显，下面凸出，侧脉 4（~5）对，弓形内弯，在上面稍明显，下面凸起；叶柄长（0.8~）3.5 cm，幼时被有短柔毛，后渐无毛，上面平坦，下面圆形。伞房状聚伞花序顶生，花密，宽 7~9 cm，被灰白色短柔毛；总花梗长 1.2~2 cm；花白色，有香味，直径 9.5 mm；花萼裂片 4，绿色，齿状三角形，长约 0.4 mm，与花盘近于等长，外侧被有黄白色短柔毛；花瓣 4，长圆披针形，长 4.5~5 mm，宽 1.2~1.5 mm，上面无毛，下面有贴生短柔毛；雄蕊 4，无毛，长 4.8~5 mm，花丝线形，微扁，长 4 mm，花药淡黄色，长圆卵形，2 室，长 1.5~2 mm，丁字形着生；花盘明显，垫状或腺体状，无毛；花柱棍棒形，长 3.5 mm，被有稀疏的贴生短柔毛，柱头小，头状，子房下位，花托倒卵形，长

1.2~1.5 mm,直径 1~1.1 mm,密被灰白色贴生短柔毛;花梗细圆柱形,长 0.8~2.7 mm,有稀疏短柔毛。核果球形,直径 6~7(~8) mm,成熟时黑色,近于无毛;核骨质,扁圆球形,直径 5 mm,高 4 mm,有不明显的肋纹。花期 5 月,果期 9 月。

分布及用途:是我国的乡土树种,也是珍贵树种。淇县平原、浅山丘陵区有栽植,可作木本油料林、用材林、景观林。

三十、柿树科

柿

拉丁名:*Diospyros kaki* Thunb.

分类:柿树科　柿树属

形态特征:落叶大乔木。通常高达 10~14 m 以上,胸径达 65 cm;树皮深灰色至灰黑色,或者黄灰褐色至褐色;树冠球形或长圆球形。枝开展,带绿色至褐色,无毛,散生纵裂的长圆形或狭长圆形皮孔;嫩枝初时有棱,有棕色柔毛或茸毛或无毛。叶纸质,卵状椭圆形至倒卵形或近圆形;叶柄长 8~20 mm。花雌雄异株,花序腋生,为聚伞花序;花梗长约 3 mm。果形有球形、扁球形等;种子褐色,椭圆状,侧扁;果柄粗壮,长 6~12 mm。花期 5—6 月,果期 9—10 月。

分布及用途:是我国乡土树种,是优质经济林树种,可作用材林、景观林。淇县淇河沿岸各村、山坡、山谷均有零星栽培。共有 4 个品种。集中栽培面积 159 亩,分布为:高村镇园艺场 150 亩、桥盟街道 9 亩。

三十一、安息香科

秤锤树

拉丁名:*Sinojackia xylocarpa* Hu

分类:安息香科　秤锤树属

形态特征:落叶乔木,高达 7 m;胸径达 10 cm;嫩枝密被星状短柔毛,灰褐色,成长后红褐色而无毛,表皮常呈纤维状脱落。叶纸质,倒卵形或椭圆形,长 3~9 cm,宽 2~5 cm,顶端急尖,基部楔形或近圆形,边缘具硬质锯齿,生于具花小枝基部的叶卵形而较小,长 2~5 cm,宽 1.5~2 cm,基部圆形或稍心形,两面除叶脉疏被星状短柔毛外,其余无毛,侧脉每边 5~7 条;叶柄长约 5 mm。总状聚伞花序生于侧枝顶端,有花 3~5 朵;花梗柔弱而下垂,疏被星状短柔毛,长达 3 cm;萼管倒圆锥形,高约 4 mm,外面密被星状短柔毛,萼齿 5,少 7,披针形;花冠裂片长圆状椭圆形,顶端钝,长 8~12 mm,宽约 6 mm,两面均密被星状茸毛;雄蕊 10~14 枚,花丝长约 4 mm,下部宽扁,联合成短管,疏被星状毛,花药长圆形,长约 3 mm,无毛;花柱线形,长约 8 mm,柱头不明显 3 裂。果实卵形,连喙长 2~2.5 cm,宽 1~1.3 cm,红褐色,有浅棕色的皮孔,无毛,顶端具圆锥状的喙,外果皮木质,不开裂,厚约 1 mm,中果皮木栓质,厚约 3.5 mm,内果皮木质,坚硬,厚约 1 mm;种子 1 颗,长圆状线形,长约 1 cm,栗褐色。花期 3—4 月,果期 7—9 月。

分布及用途:秤锤树花洁白无瑕、高雅脱俗。果实形似秤锤,极具特色;果序下垂,随风摇曳,具有很高的观赏性和科学研究价值。中国物种红色名录评估等级为濒危 EN

B2ab(Ⅱ)为国家保护级别(第一批)。淇县安钢植物园中有零星栽植。

三十二、木樨科

1. 白蜡

拉丁名:*Fraxinus chinensis*

分类:木樨科 白蜡属

形态特征:落叶乔木,高达 12 m,树冠卵圆形,树皮黄褐色。小枝光滑无毛。冬芽卵圆形,黑褐色,小枝灰褐色,无毛或具黄色髯毛,有皮孔。奇数羽状复叶,对生,连叶柄长 15~120 cm。总叶轴中间具沟槽,无毛或于小叶柄之间有锈色簇毛,叶通常 7 片或 7~9 片,近革质,椭圆形或椭圆状卵形,长 3.5~10 cm,宽 1.7~5 cm,先端渐尖或钝,基部宽楔形,缘具不整齐锯齿或波状。表面淡绿色,无毛,背面无毛或沿脉被短柔毛,中脉在表面凹下,背面凸起,侧脉在表面不明显,背面略凸起,无柄或有短柄。圆锥花序侧生或顶生于当年生枝条上,长 10~15 cm,疏松;总花梗无毛;花梗纤细,长约 5 mm,花萼钟状,不规则分裂。无花瓣。雄蕊 2 枚,花药卵形或长圆状卵形,较花丝短,花柱棍棒状,柱头 2 裂。翅果倒披针形,长 2.8~3.5 cm,宽 4~5 mm。先端尖、钝或微凹。具种子 1 粒。花期 4 月,果期 8—9 月。

分布及用途:淇县街道两侧行道树栽植较多,淇河沿人行步道两侧有栽植,可作水土保持林、林副特产品林、用材林、景观林。集中栽培面积约 1 030 亩,分布为:北阳镇 588 亩、桥盟街道 420 亩、西岗镇 22 亩。

2. 连翘

拉丁名:*Forsythia suspensa*

分类:木樨科 连翘属

形态特征:落叶灌木。早春先叶开花,花开香气淡雅,满枝金黄,艳丽可爱,是早春优良观花灌木,株高可达 3 m,枝干丛生,小枝黄色,枝开展或下垂,棕色、棕褐色或淡黄褐色,小枝土黄色或灰褐色,略呈四棱形,疏生皮孔,节间中空,节部具实心髓。叶通常为单叶,或 3 裂至三出复叶,叶片卵形、宽卵形或椭圆状卵形至椭圆形,长 2~10 cm,宽 1.5~5 cm,先端锐尖,基部圆形、宽楔形至楔形,叶缘除基部外具锐锯齿或粗锯齿,上面深绿色,下面淡黄绿色,两面无毛;叶柄长 0.8~1.5 cm,无毛。花通常单生或 2 至数朵着生于叶腋,先于叶开放;花梗长 5~6 mm;花萼绿色,裂片长圆形或长圆状椭圆形,长(5~)6~7 mm,先端钝或锐尖,边缘具睫毛,与花冠管近等长;花冠黄色,裂片倒卵状长圆形或长圆形,长 1.2~2 cm,宽 6~10 mm;在雌蕊长 5~7 mm 花中,雄蕊长 3~5 mm,在雄蕊长 6~7 mm 花中,雌蕊长约 3 mm。果卵球形、卵状椭圆形或长椭圆形,长 1.2~2.5 cm,宽 0.6~1.2 cm,先端喙状渐尖,表面疏生皮孔;果梗长 0.7~1.5 cm。花期 3~4 月,果期 7~9 月。

分布及用途:在庭院、公园等园林绿化中栽植较多,也可药用。

3. 流苏树

拉丁名:*Chionanthus retusus* Lindl. et Paxt.

分类:木樨科 流苏树属

形态特征:落叶小乔木或灌木,高可达 20 m。小枝灰褐色或黑灰色,圆柱形,开展,无毛,幼枝淡黄色或褐色,疏被或密被短柔毛。叶片革质或薄革质,长圆形、椭圆形或圆形,有时卵形或倒卵形至倒卵状披针形,长 3~12 cm,宽 2~6.5 cm,先端圆钝,有时凹入或锐尖,基部圆或宽楔形至楔形,稀浅心形,全缘或有小锯齿,叶缘稍反卷,幼时上面沿脉被长柔毛,下面密被或疏被长柔毛,叶缘具睫毛,老时上面沿脉被柔毛,下面沿脉密被长柔毛,稀被疏柔毛,其余部分疏被长柔毛或近无毛,中脉在上面凹入,下面凸起,侧脉 3~5 对,两面微凸起或上面微凹入,细脉在两面常明显微凸起;叶柄长 0.5~2 cm,密被黄色卷曲柔毛。

叶为单叶对生,叶片椭圆形或长圆形,全缘,近革质。雌雄异株,圆锥花序生于侧枝顶端;花冠白色,4 深裂,裂片线状倒披针形,雄花雄蕊 2,雌花柱头 2 裂。花期 3—6 月,果期 6—11 月。

分布及用途:是我国乡土树种,也是珍贵树种。在淇县浅山、平原有零星栽植,可作为水土保持林、用材林、景观林。

4. 女贞

拉丁名:*Ligustrum lucidum*

分类:木樨科　女贞属

形态特征:常绿灌木或乔木,高可达 25 m;树皮灰褐色。枝黄褐色、灰色或紫红色,圆柱形,疏生圆形或长圆形皮孔。叶对生,叶片常绿,革质,卵形、长卵形或椭圆形至宽椭圆形,长 6~17 cm,宽 3~8 cm,先端锐尖至渐尖或钝,基部圆形或近圆形,有时宽楔形或渐狭,叶缘平坦,上面光亮,两面无毛,中脉在上面凹入,下面凸起,侧脉 4~9 对,两面稍凸起或有时不明显;叶柄长 1~3 cm,上面具沟,无毛。圆锥花序顶生,长 12~20 cm,无毛;花萼 4 裂;花冠白色,钟状,4 裂,花冠筒与花萼近等长;雄蕊 2;子房上位,柱头 2 浅裂。浆果状核果,长圆形或长椭圆形,蓝紫色。花期 6—7 月,果期 10—12 月。

分布及用途:淇县城区内广泛栽植,栽于公园、庭院、路边,是造林绿化中主要的常绿树种。集中栽培面积约 380 亩,分布为:庙口镇 230 亩、北阳镇 100 亩、高村镇 50 亩。

三十三、紫草科

粗糠树

拉丁名:*Ehretia macrophylla* Wall.

分类:紫草科　厚壳树属

形态特征:落叶乔木,高约 15 m,胸径达 20 cm;树皮灰褐色,纵裂;枝条褐色,小枝淡褐色,均被柔毛。叶宽椭圆形、椭圆形、卵形或倒卵形,长 8~25 cm,宽 5~15 cm,先端尖,基部宽楔形或近圆形,边缘具开展的锯齿,上面密生具基盘的短硬毛,极粗糙,下面密生短柔毛;叶柄长 1~4 cm,被柔毛。聚伞花序顶生,呈伞房状或圆锥状,宽 6~9 cm,具苞片或无;花无梗或近无梗;苞片线形,长约 5 mm,被柔毛;花萼长 3.5~4.5 mm,裂至近中部,裂片卵形或长圆形,具柔毛;花冠筒状钟形,白色至淡黄色,芳香,长 8~10 mm,基部直径 2 mm,喉部直径 6~7 mm,裂片长圆形,长 3~4 mm,比筒部短;雄蕊伸出花冠外,花药长 1.5~2 mm,花丝长 3~4.5 mm,着生花冠筒基部以上 3.5~5.5 mm 处;花柱长 6~9 mm,无毛或稀具伏毛,分枝长 1~1.5 mm。核果黄色,近球形,直径 10~15 mm,内果皮成熟时分裂为2个具2粒种子的分核。花期3—5月,果期6—7月。

分布及用途:淇县有零星栽植,可作为水土保持林、工业原料林、用材林、景观林。

三十四、玄参科

泡桐

拉丁名:*Paulownia fortunei*

分类:玄参科 泡桐属

形态特征:别名白花泡桐、大果泡桐、空桐木等。落叶乔木,树皮灰色、灰褐色或灰黑色,幼时平滑,老时纵裂。假二杈分枝。单叶,对生,叶大,卵形,全缘或有浅裂,具长柄,柄上有茸毛。花大,淡紫色或白色,顶生圆锥花序,由多数聚伞花序复合而成。花萼钟状或盘状,肥厚,5深裂,裂片不等大。花冠钟形或漏斗形,上唇2裂、反卷,下唇3裂,直伸或微卷;雄蕊4枚,2长2短,着生于花冠筒基部;雌蕊1枚,花柱细长。蒴果卵形或椭圆形,熟后背缝开裂。种子多数为长圆形,小而轻,两侧具有条纹的翅。在某些地区,泡桐花又被称为喇叭花。

分布及用途:是我国乡土树种,淇县广泛栽植,有3个品种。可作为用材林、水土保持林。北阳镇北窑村有集中栽植的片林50亩。

三十五、紫葳科

1. 梓树

拉丁名:*Catalpa ovata* G. Don

分类:紫葳科 梓树属

形态特征:落叶乔木,高达15 m;树冠伞形,主干通直,嫩枝具稀疏柔毛。叶对生或近于对生,有时轮生,阔卵形,长宽近相等,长约25 cm,顶端渐尖,基部心形,全缘或浅波状,常3浅裂,叶片上面及下面均粗糙,微被柔毛或近于无毛,侧脉4~6对,基部掌状脉5~7条;叶柄长6~18 cm。顶生圆锥花序;花序梗微被疏毛,长12~28 cm。花萼蕾时圆球形,2唇开裂,长6~8 mm。花冠钟状,淡黄色,内面具2黄色条纹及紫色斑点,长约2.5 cm,直径约2 cm。能育雄蕊2,花丝插生于花冠筒上,花药叉开;退化雄蕊3。子房上位,棒状。花柱丝形,柱头2裂。蒴果线形,下垂,长20~30 cm,粗5~7 mm。种子长椭圆形,长6~8 mm,宽约3 mm,两端具有平展的长毛。

分布及用途:是我国乡土树种,淇县平原及浅山有栽植,可作为用材林、景观林。

2. 楸树

拉丁名:*Catalpa bungei* C. A. Mey.

分类:紫葳科 梓树属

形态特征:落叶乔木,高8~12 m。叶三角状卵形或卵状长圆形,长6~15 cm,宽达8 cm,顶端长渐尖,基部截形、阔楔形或心形,有时基部具有1~2牙齿,叶面深绿色,叶背无毛;叶柄长2~8 cm。顶生伞房状总状花序,有花2~12朵。花萼蕾时圆球形,2唇开裂,顶端有2尖齿。花冠淡红色,内面具有2黄色条纹及暗紫色斑点,长3~3.5 cm。蒴果线形,长25~45 cm,宽约6 mm。种子狭长椭圆形,长约1 cm,宽约2 cm,两端生长毛。花期5—

6月,果期6—10月。

分布及用途:是我国乡土树种,也是珍贵树种。淇县广泛栽植,可作为用材林、景观林。集中栽培面积约150亩,其中高村镇80亩、北阳镇70亩。

三十六、忍冬科

接骨木

拉丁名:*Sambucus williamsii* Hance

分类:忍冬科　接骨木属

形态特征:落叶灌木或小乔木,高达4 m。茎无棱,多分枝,灰褐色,无毛。叶对生,单数羽状复叶;小叶5~7片,卵形、椭圆形或卵状披针形,先端渐尖,基部偏斜阔楔形,长4~12 cm,宽2~4 cm,边缘有较粗锯齿,两面无毛。圆锥花序顶生,密2~4 cm,边缘有较粗锯齿,两面无毛。圆锥花序顶生,密集成卵圆形至长椭圆状卵形;花萼钟形,5裂,裂片舌状;花冠辐射状,45裂,裂片倒卵形,淡黄色;雄蕊5枚,着生于花冠上,较花冠短;雌蕊1枚,子房下位,花柱短,浆果鲜红色。花期4~5月,果期7~9月。

分布及用途:淇县城乡广泛零星栽植,可作为木本油料、水土保持林、景观林,也可药用。

三十七、卫矛科

白杜

拉丁名:*Euonymus maackii* Rupr.

分类:卫矛科　卫矛属

形态特征:落叶小乔木,高达6 m。叶卵状椭圆形、卵圆形或窄椭圆形,长4~8 cm,宽2~5 cm,先端长渐尖,基部阔楔形或近圆形,边缘具细锯齿,有时极深而锐利;叶柄通常细长,常为叶片的1/4~1/3,但有时较短。聚伞花序3至多花,花序梗略扁,长1~2 cm;花4数,淡白绿色或黄绿色,直径约8 mm;小花梗长2.5~4 mm;雄蕊花药紫红色,花丝细长,长1~2 mm。蒴果倒圆心状,4浅裂,长6~8 mm,直径9~10 mm,成熟后果皮粉红色;种子长椭圆状,长5~6 mm,直径约4 mm,种皮棕黄色,假种皮橙红色,全包种子,成熟后顶端常有小口。花期5—6月,果期9月。

分布及用途:淇县路边、山坡地有零星栽植,用于城市园林、庭院绿化。集中栽植的片林约70亩,其中高村镇50亩、北阳镇20亩。

三十八、千屈菜科

紫薇

拉丁名:*Lagerstroemia indica* L.

分类:千屈菜科　紫薇属

形态特征:别名痒痒花、痒痒树、紫金花、紫兰花、百日红、无皮树。属落叶灌木或小乔木,高可达7 m;树皮平滑,灰色或灰褐色;枝干多扭曲,小枝纤细,叶互生或有时对生,纸质,椭圆形、阔矩圆形或倒卵形,幼时绿色至黄色,成熟时或干燥时呈紫黑色,室背开裂;种子有翅,长约 8 mm。花期 6—9 月,果期 9—12 月。

分布及用途:淇县城市中绿化广泛栽植。集中栽植的片林约 177 亩,分布为:桥盟街道 60 亩、高村镇 50 亩、西岗镇 40 亩、北阳镇 22 亩。

三十九、黄杨科

黄杨

拉丁名:*Buxus sinica*(Rehd. et Wils.) Cheng

分类:黄杨科　黄杨属

形态特征:常绿灌木或小乔木,高 1~6 m;枝圆柱形,有纵棱,灰白色;小枝四棱形,全面被短柔毛或外方相对两侧面无毛。叶革质,阔椭圆形、阔倒卵形、卵状椭圆形或长圆形,叶面光亮,中脉凸出,下半段常有微细毛。花序腋生,头状,花密集,雄花约 10 朵,无花梗,外萼片卵状椭圆形,内萼片近圆形,长 2.5~3 mm,无毛,雄蕊连花药长 4 mm,不育雌蕊有棒状柄,末端膨大;雌花萼片长 3 mm,子房较花柱稍长,无毛。蒴果近球形。花期 3 月,果期 5—6 月。

分布及用途:淇县城市中绿化广泛栽植,北阳镇南史庄有集中栽植 30 亩。

第五章　淇县古树名木

编号:41062200001

中文名:梨　拉丁名:*Pyrus* spp.

科属:蔷薇科　梨属

树龄:230 年　保护等级:三级

经度:114.0531000°　纬度:35.6437100°

位于北阳镇油城村,树高 6 m,胸围 172 cm,平均冠幅 8 m,东西 7 m,南北 9 m,树枝少许干枯。

管护部门:冯照阳个人所有并管护

编号:41062200002

中文名:国槐　　**拉丁名**:*Sophora japonica* L.

别名:槐、黑槐、家槐、槐树、槐蕊、豆槐、白槐、细叶槐、金药材、护房树

科属:豆科　　槐属

树龄:500 年　　**保护等级**:一级

经度:114.1973270°　　**纬度**:35.6103570°

位于朝歌街道办事处下关村朝歌路北段路侧,树高 11 m,胸围 240 cm,平均冠幅 12 m,东西 12 m,南北 12 m。两主枝,东侧树枝有中空,下部三侧枝,生长茂盛。

管护部门:常思义个人所有并管护

编号：41062200003

中文名：国槐　　**拉丁名**：*Sophora japonica* L.

别名：槐、黑槐、家槐、槐树、槐蕊、豆槐、白槐、细叶槐、金药材、护房树

科属：豆科　槐属

树龄：350 年　　**保护等级**：二级

经度：114.2298100°　　**纬度**：35.6322700°

位于桥盟街道办事处郭庄村，树高 8 m，胸围 210 cm，平均冠幅 8 m，东西 7 m，南北 8 m。枝叶茂盛，但树枝有折断。

管护部门：何军海个人所有并管护

编号:41062200004

中文名:国槐　拉丁名:*Sophora japonica* L.

别名:槐、黑槐、家槐、槐树、槐蕊、豆槐、白槐、细叶槐、金药材、护房树

科属:豆科　槐属

树龄:350 年　保护等级:二级

经度:114.2297500°　纬度:35.6323200°

位于桥盟街道办事处桥盟村中路侧,树高 8 m,胸围 280 cm,平均冠幅 5 m,东西 5 m,南北 5 m。树干中空,枝叶茂盛,少许树枝干枯。

管护部门:何同海个人所有并管护

编号:41062200005

中文名:龙柏　拉丁名:*Sabina chinensis* 'Kaizuca'

别名:红心柏、刺柏、珍珠柏

科属:柏科　圆柏属

树龄:1 500 年　保护等级:一级

经度:114.1258840°　纬度:35.6526010°

位于卫都街道办事处大洼村朝阳寺景区佛洞顶,树高 8 m,胸围 95 cm,平均冠幅 8 m,东西 10 m,南北 6 m。生长于悬崖峭壁之上,从根部叉开九株,形如伞状,宛如九条飞龙盘旋于空,被称为千年九龙柏。九龙柏在千佛洞和飞来卧佛的上方,从石缝生长出来,虽然艰难但它还是长成了伞的模样,为佛遮风避雨、抵挡烈日,被人们称为"九龙柏""九龙迎圣""帝王柏"。一般柏树都有主干,但这棵柏树从根部就叉开了九株,且每株都曲如蛟龙,宛如九条飞龙盘旋于空,大有破壁飞腾之势。因为九是数字中最大的阳数,九九归一,老百姓认为它广聚日月天地之精华,极具灵气,视为神树,起名叫"九龙柏"。

关于九龙柏有这样一则故事。传说纣王有一年的冬天到朝阳寺来取暖,当他下马休息的时候,突然听到有一种奇怪的声音。四处寻找,发现悬崖脚下有九条蛇,可转眼间钻入了崖缝当中。纣王命人抓蛇,但四处找不到,突然发现悬崖顶有一棵柏树,根部叉开了九株,且每棵都曲如蛟龙,就像九条龙腾飞,故取名"九龙柏"。

管护部门:淇县朝阳寺景区管理处

编号:41062200006

中文名:侧柏　拉丁名:*Platycladus orientalis*

别名:黄柏、香柏、扁柏、扁桧、香树、香柯树

科属:柏科　侧柏属

树龄:120 年　保护等级:三级

经度:114.2119500°　纬度:35.6282200°

位于桥盟街道办事处古烟村关爷庙里,树高 14 m,胸围 107 cm,平均冠幅 9 m,东西 8 m,南北 9 m,枝叶茂盛,树干通直。

管护部门:淇县桥盟街道办事处古烟村村委会

编号:41062200007

中文名:国槐 拉丁名:*Sophora japonica* L.

别名:槐、黑槐、家槐、槐树、槐蕊、豆槐、白槐、细叶槐、金药材、护房树

科属:豆科 槐属

树龄:800 年 保护等级:一级

经度:114.1720200° 纬度:35.6490300°

位于卫都街道办事处黑龙庄村东井侧,树高 11.5 m,胸围 310 cm,平均冠幅 12 m,东西 13 m,南北 11 m,枝叶茂盛,东侧树枝干枯,树干中空。

管护部门:淇县卫都街道办事处黑龙庄村村委会

编号:41062200008   41062200009

中文名:桧柏   拉丁名:*Sabina chinensis*（L.）Ant

别名:圆柏

科属:柏科   圆柏属

树龄:420 年   保护等级:二级

经度:114.2250460°   纬度:35.6998000°

这两棵树位于高村镇政府,东侧树(编号:41062200008)高 11 m,胸围 190 cm,平均冠幅 7 m,东西 6 m,南北 8 m,枝叶少许干枯。西侧树(编号:41062200009)高 12 m,胸围 160 cm,平均冠幅 12 m,东西 12 m,南北 12 m。

两棵树为常绿乔木,树冠塔形,叶有鳞形、刺形两种,木材细致,有香气。两棵树曾被河南电视台、《河南科技报》等多家新闻媒体报道,当地群众称之为夫妻柏,两棵树所处位置为玉帝庙(已拆除)院中,据现存碑文记载,推测栽植于明代末年,距今已有 420 多年。东边一棵巍峨挺拔,直立上冲,显现出男子汉的阳刚之气,且常年绿叶无果,为雄树;西边的一棵亭亭玉立,婀娜多姿,恰似少妇的娇媚姿态,且常年果实累累,为雌树。两棵树第一枝上均长有鳞叶和刺叶两种类型,雄树主干中间伸出一枝欲挽雌树,雌树主干则向西倾斜,俨然一对谈情说爱、亲密无间的夫妻,俗称为"夫妻树"。

管护部门:淇县高村镇政府

编号:41062200010

中文名:皂荚　拉丁名:*Gleditsia sinensis* Lam.

别名:皂角、猪牙皂、牙皂

科属:豆科　皂荚属

树龄:110 年　保护等级:三级

经度:114.2757680°　纬度:35.6578300°

位于高村镇石河岸村申义堂院东侧,树高 15 m,胸围 214 cm,平均冠幅 14 m,东西 13 m,南北 14 m。

管护部门:申义堂个人所有并管护

编号:41062200011

中文名:国槐　拉丁名:*Sophora japonica* L.

别名:槐、黑槐、家槐、槐树、槐蕊、豆槐、白槐、细叶槐、金药材、护房树

科属:豆科　槐属

树龄:220 年　保护等级:三级

经度:114.2306080°　纬度:35.7500790°

位于高村镇高村村葛玉彩老院、牛银生院前,树高 12.5 m,胸围 210 cm,平均冠幅 14 m,东西 14 m,南北 14 m,主干高 2.5 m,有 1 个主枝,7 个侧枝。

管护部门:葛玉彩个人所有并管护

编号:41062200012

中文名:国槐　　拉丁名:*Sophora japonica* L.

别名:槐、黑槐、家槐、槐树、槐蕊、豆槐、白槐、细叶槐、金药材、护房树

科属:豆科　槐属

树龄:120 年　保护等级:三级

经度:114.2423070°　纬度:35.7178600°

位于高村镇三里屯村贾培德院西侧,树高 9 m,胸围 120 cm,平均冠幅 11 m,东西 11 m,南北 10 m,主干中空,有 6 个分支,主干高 3.5 m。据所有人贾培德讲,此树在贾家第九代时就有,目前为止是第十九代,已成为家族的守护神,保佑贾家繁荣昌盛。

管护部门:贾培德个人所有并管护

编号:41062200013

中文名:国槐　拉丁名:*Sophora japonica* L.

别名:槐、黑槐、家槐、槐树、槐蕊、豆槐、白槐、细叶槐、金药材、护房树

科属:豆科　槐属

树龄:120 年　保护等级:三级

经度:114.2494970°　纬度:35.7008700°

位于高村镇高村村段泽保院内,树高 10.5 m,胸围 223 cm,平均冠幅 12 m,东西 13 m,南北 11 m,根部中空,主干从 70 cm 处分成两大枝,分枝树围均为 140 cm,东侧分枝中空。

管护部门:段泽保个人所有并管护

编号:41062200014

中文名:皂荚 拉丁名:*Gleditsia sinensis* Lam.

别名:皂角、猪牙皂、牙皂

科属:豆科 皂荚属

树龄:300 年 保护等级:二级

经度:114.1005900° 纬度:35.5744350°

位于北阳镇上庄村李保林院内,树高 18 m,胸围 270 cm,平均冠幅 18 m,东西 18 m,南北 18 m。

管护部门:李保林个人所有并管护

编号:41062200015

中文名:皂荚　拉丁名:*Gleditsia sinensis* Lam.

别名:皂角、猪牙皂、牙皂

科属:豆科　皂荚属

树龄:300 年　保护等级:二级

经度:114.0986700°　纬度:35.5742700°

位于北阳镇上庄村村中路南,树高 6 m,胸围 400 cm,平均冠幅 6 m,东西 6 m,南北 6 m,生长状况差,树干中空严重。

管护部门:淇县北阳镇上庄村村委会

编号:41062200016

中文名:侧柏 拉丁名:*Platycladus orientalis*

别名:柏树

科属:柏科 侧柏属

树龄:380 年 保护等级:二级

经度:114.0911200° 纬度:35.6065720°

生长于山顶,树高 5.7 m,胸围 93 cm,平均冠幅 6 m,东西 6 m,南北 6 m,分三主枝,主枝上有鸟巢。

管护部门:淇县卧羊湾村村委会

编号:41062200017

中文名:国槐　拉丁名:*Sophora japonica* L.

别名:槐、黑槐、家槐、槐树、槐蕊、豆槐、白槐、细叶槐、金药材、护房树

科属:豆科　槐属

树龄:360 年　保护等级:二级

经度:114.1966000°　纬度:35.5397700°

位于北阳镇良相村裴迁广门前,树高 8 m,胸围 288 cm,平均冠幅 13 m,东西 10 m,南北 15 m,主干高 2.5 m,中空,三个主分枝,宋家迁到此地时栽植(明万历年间)。

管护部门:宋发录个人所有并管护

编号:41062200018

中文名:国槐　拉丁名:*Sophora japonica* L.

别名:槐、黑槐、家槐、槐树、槐蕊、豆槐、白槐、细叶槐、金药材、护房树

科属:豆科　槐属

树龄:300 年　保护等级:二级

经度:114.1259200°　纬度:35.6057600°

位于北阳镇刘庄村王西明老院中,树高 7 m,胸围 210 cm,平均冠幅 15 m,东西 13 m,南北 16 m,主干中空,高 2 m,主枝被日本人锯过一次,侧枝需加固。

管护部门:王西明个人所有并管护

编号:41062200019

中文名:国槐　拉丁名:*Sophora japonica* L.

别名:槐、黑槐、家槐、槐树、槐蕊、豆槐、白槐、细叶槐、金药材、护房树

科属:豆科　槐属

树龄:260 年　保护等级:三级

经度:114.0928200°　纬度:35.5838000°

位于北阳镇衡门村李荣生门前,树高 7 m,胸围 242 cm,平均冠幅 10 m,东西 11 m,南北 9 m,主干高 3 m,中空,主干倾斜,两大主枝。此树所在位置传说是明代官员孙正兰旧居,孙正兰盖房时栽植此树。

管护部门:李荣生个人所有并管护

编号:41062200020

中文名:梨　　拉丁名:*Pyrus* spp.

科属:蔷薇科　梨属

树龄:300 年　保护等级:二级

经度:114.0540700°　纬度:35.6429000°

位于北阳镇油城村西沟,树高 6.5 m,胸围 155 cm,平均冠幅 6 m,东西 6 m,南北 6 m,主干高 1.9 m。

管护部门:冯照敏个人所有并管护

编号:41062200021

中文名:梨 拉丁名:*Pyrus* spp.

科属:蔷薇科 梨属

树龄:230 年 保护等级:三级

经度:114.0550800° 纬度:35.6448700°

位于北阳镇油城村西沟村民荒地南侧,树高 6 m,胸围 192 cm,平均冠幅 7 m,东西 7 m,南北 6 m,主干高 2 m。

管护部门:李树华个人所有并管护

编号:41062200022

中文名:皂荚　**拉丁名**:*Gleditsia sinensis* Lam.

别名:皂角、猪牙皂、牙皂

科属:豆科　皂荚属

树龄:280 年　**保护等级**:三级

经度:114.1167900°　**纬度**:35.6041700°

位于北阳镇武庄村庙西路边,树高 14 m,胸围 192 cm,平均冠幅 13 m,东西 15 m,南北 11 m,枝叶茂盛,生长良好。

管护部门:张清理个人所有并管护

编号:41062200023

中文名:国槐　拉丁名:*Sophora japonica* L.

别名:槐、黑槐、家槐、槐树、槐蕊、豆槐、白槐、细叶槐、金药材、护房树

科属:豆科　槐属

树龄:300 年　保护等级:二级

经度:114.2852600°　纬度:35.6340500°

位于西岗镇马庄村关帝庙前,树高 5.5 m,胸围 240 cm,平均冠幅 6 m,东西 6 m,南北 6 m,树干中空。

管护部门:淇县马庄村村委会

编号:41062200024　41062200025

中文名:侧柏　拉丁名:*Platycladus orientalis*

别名:黄柏、香柏、扁柏、扁桧、香树、香柯树

科属:柏科　侧柏属

树龄:300 年　保护等级:二级

经度:114.2811380°　纬度:35.6240670°

　　紧邻的这两棵树都位于西岗镇方寨村火神庙前,树高 13 m,胸围 130 cm,平均冠幅 7 m,东西 7 m,南北 7 m。

管护部门:淇县西岗镇方寨村村委会

编号:41062200026

中文名:国槐　拉丁名:*Sophora japonica* L.

别名:槐、黑槐、家槐、槐树、槐蕊、豆槐、白槐、细叶槐、金药材、护房树

科属:豆科　槐属

树龄:120 年　保护等级:三级

经度:114.2503320°　纬度:35.5265920°

位于西岗镇闫村中心超市对面,树高 7 m,胸围 200 cm,平均冠幅 8 m,东西 8 m,南北 7 m,主干高 1.8 m,南侧树皮遭烧毁。

管护部门:闫玉伟个人所有并管护

编号:41062200027

中文名:皂荚　拉丁名:*Gleditsia sinensis* Lam.

别名:皂角、猪牙皂、牙皂

科属:豆科　皂荚属

树龄:110 年　保护等级:三级

经度:114.2599020°　纬度:35.5657570°

位于西岗镇三角屯村东头苏广军家门前,树高 17 m,胸围 340 cm,平均冠幅 26 m,东西 26 m,南北 26 m,主干高 1.9 m,三个主分枝。

管护部门:苏广军个人所有并管护

编号:41062200028

中文名:国槐　拉丁名:*Sophora japonica* L.

别名:槐、黑槐、家槐、槐树、槐蕊、豆槐、白槐、细叶槐、金药材、护房树

科属:豆科　槐属

树龄:500 年　保护等级:一级

经度:114.1766830°　纬度:35.7917920°

位于庙口镇王洞村赵水群房后,树高 9 m,胸围 246 cm,平均冠幅 13 m,东西 12 m,南北 13 m。

管护部门:冯锁贵个人所有和管护

编号:41062200029

中文名:皂荚　　**拉丁名**:*Gleditsia sinensis* Lam.

别名:皂角、猪牙皂、牙皂

科属:豆科　皂荚属

树龄:110 年　**保护等级**:三级

经度:114.1787170°　**纬度**:35.6777500°

位于庙口镇北史庄村赵国旗老家,树高 16 m,胸围 226 cm,平均冠幅 20 m,东西 20 m,南北 19 m,生长茂盛,主干高 3.5 m。

管护部门:赵国旗个人所有并管护

编号:41062200030

中文名:侧柏　　**拉丁名**:*Platycladus orientalis*

别名:黄柏、香柏、扁柏、扁桧、香树、香柯树

科属:柏科　　侧柏属

树龄:230 年　　**保护等级**:三级

经度:114.1830230°　　**纬度**:35.7131800°

位于庙口镇原本庙村老坑边南,树高 12 m,胸围 123 cm,平均冠幅 4 m,东西 4 m,南北 4 m,主干高 4 m。由于村民栽植杨树较多,导致柏树长势不好。

管护部门:淇县庙口镇原本庙村村委会

编号:41062200031

中文名:侧柏　拉丁名:*Platycladus orientalis*

别名:黄柏、香柏、扁柏、扁桧、香树、香柯树

科属:柏科　侧柏属

树龄:230 年　保护等级:三级

经度:114.1830150°　纬度:35.7132000°

位于庙口镇原本庙村老坑边北,树高 12.5 m,胸围 133 cm,平均冠幅 7 m,东西 7 m,南北 7 m。主干高 7 m。由于村民栽植杨树较多,导致柏树长势不好。

管护部门:淇县庙口镇原本庙村村委会

编号:41062200032

中文名:皂荚　拉丁名:*Gleditsia sinensis* Lam.

别名:皂角、猪牙皂、牙皂

科属:豆科　皂荚属

树龄:120 年　保护等级:三级

经度:114.1976220°　纬度:35.7920020°

位于庙口镇王洞村王喜林房后,树高 14 m,胸围 186 cm,平均冠幅 17 m,东西 17 m,南北 17 m,主干高 2 m,三大主分枝。

管护部门:王喜林个人所有并管护

编号:41062200033

中文名:侧柏 **拉丁名**:*Platycladus orientalis*

别名:黄柏、香柏、扁柏、扁桧、香树、香柯树

科属:柏科 侧柏属

树龄:1 000 年 **保护等级**:一级

经度:114.1244700° **纬度**:35.7710200°

位于黄洞乡鲍庄村村南,树高 9.5 m,胸围 197 cm,平均冠幅 12 m,东西 12 m,南北 11 m,东侧树枝有干枯。

管护部门:淇县黄洞乡鲍庄村村委会

编号:41062200034

中文名:侧柏　拉丁名:*Platycladus orientalis*

别名:黄柏、香柏、扁柏、扁桧、香树、香柯树

科属:柏科　侧柏属

树龄:400 年　保护等级:二级

经度:114.1223120°　纬度:35.7648990°

位于黄洞乡柳林村老爷庙前,树高 14 m,胸围 160 cm,平均冠幅 7 m,东西 7 m,南北 7 m。

管护部门:淇县黄洞乡柳林村村委会

编号:41062200035

中文名:侧柏　拉丁名:*Platycladus orientalis*

别名:黄柏、香柏、扁柏、扁桧、香树、香柯树

科属:柏科　侧柏属

树龄:400 年　保护等级:二级

经度:114.1222730°　纬度:35.7650020°

位于黄洞乡柳林村老爷庙前,树高 12 m,胸围 140 cm,平均冠幅 6 m,东西 6 m,南北 5 m。

管护部门:淇县黄洞乡柳林村村委会

编号:41062200036

中文名:皂荚　拉丁名:*Gleditsia sinensis* Lam.

别名:皂角、猪牙皂、牙皂

科属:豆科　皂荚属

树龄:400 年　保护等级:二级

经度:114.1216230°　纬度:35.7943670°

位于黄洞乡小柏峪村闫二喜门前,树高 7 m,胸围 360 cm,平均冠幅 11 m,东西 10 m,南北 11 m,树干中空。

管护部门:闫二喜个人所有并管护

编号:41062200037

中文名:皂荚　**拉丁名**:*Gleditsia sinensis* Lam.

别名:皂角、猪牙皂、牙皂

科属:豆科　皂荚属

树龄:300 年　**保护等级**:二级

经度:114.0937570°　**纬度**:35.7346050°

位于黄洞乡黄洞村韩合生院侧,树高 13 m,胸围 190 cm,平均冠幅 8 m,东西 7 m,南北 9 m。

管护部门:韩合生个人所有并管护

编号:41062200038

中文名:国槐 拉丁名:*Sophora japonica* L.

别名:槐抱椿、槐、黑槐、家槐、槐树、槐蕊、豆槐、白槐、细叶槐、金药材、护房树

科属:豆科 槐属

树龄:500 年 保护等级:一级

经度:114.0694450° 纬度:35.7342990°

位于黄洞乡东掌村驼泉,树高 14 m,胸围 270 cm,平均冠幅 14 m,东西 13 m,南北 15 m,名曰"槐抱椿"。槐树主干高 2.5 m,有两大主枝,2.2 m 以上长出一棵臭椿树,直径 32 cm,椿树主干高 2 m,生长茂盛。传说这是明代王家迁居此地时栽植,中原地广人稀,政府鼓励人们迁到此地。

管护部门:黄洞乡东掌村驼泉王家所有并管护

编号:41062200039

中文名:板栗　拉丁名:*Castanea mollissima*

科属:壳斗科　栗属

树龄:350 年　保护等级:二级

经度:114.0043520°　纬度:35.7109590°

位于黄洞乡纣王殿村小水库南坡上,树高 13.5 m,胸围 307 cm,平均冠幅 16 m,东西 15 m,南北 17 m。主干高 3.2 m,主干两枝,中空,向西倾斜,上端部分梢枯。

管护部门:淇县黄洞乡纣王殿村村委会

编号:41062200040

中文名:板栗　拉丁名:*Castanea mollissima*

科属:壳斗科　栗属

树龄:350 年　保护等级:二级

经度:114.0046420°　纬度:35.7111700°

位于黄洞乡纣王殿村小水库南坡上,树高 13 m,胸围 315 cm,平均冠幅 17 m,东西 16 m,南北 18 m,两主枝,西侧一枝中空,东侧一枝胸围 215 cm,干高 2 m。

管护部门:淇县黄洞乡纣王殿村村委会

编号:41062200041

中文名:青檀　**拉丁名**:*Pteroceltis tatarinowii*

别名:翼朴

科属:榆科　青檀属

树龄:230 年　**保护等级**:三级

经度:114.0918880°　**纬度**:35.7043370°

位于黄洞乡石老公自然村,树高 13 m,胸围 113 cm,平均冠幅 7 m,东西 7 m,南北 7 m,生长于峭壁,长势差,主干枯死。位于东侧,主干高 5 m,三个主分枝。

管护部门:淇县黄洞乡石老公村村委会

编号:41062200042

中文名:青檀　拉丁名:*Pteroceltis tatarinowii*

别名:翼朴

科属:榆科　青檀属

树龄:220 年　保护等级:三级

经度:114.0919450°　纬度:35.7044550°

位于黄洞乡石老公自然村,树高 15 m,胸围 148 cm,平均冠幅 15 m,东西 13 m,南北 16 m,三个主分枝。

管护部门:淇县黄洞乡石老公村村委会

编号:41062200043

中文名:朴树　拉丁名:*Celtis sinensis*

别名:抱马树

科属:榆科　朴属

树龄:200 年　保护等级:三级

经度:114.0918500°　纬度:35.7043550°

　　位于黄洞乡纣王殿自然村,树高 12.5 m,胸围 94 cm,平均冠幅 7 m,东西 6 m,南北 8 m,主干高 2 m,三个主分枝,根部粗壮。

　　管护部门:淇县黄洞乡纣王殿村村委会

编号:41062200044

中文名:黄连木　拉丁名:*Pistacia chinensis*

别名:楷木、楷树、黄楝树、药树、药木

科属:漆树科　黄连木属

树龄:170 年　保护等级:三级

经度:114.0923120°　纬度:35.7695790°

位于黄洞乡全寨村小蜂窝自然村,树高 13 m,胸围 213 cm,平均冠幅 13 m,东西 16 m,南北 10 m,两大主枝,一侧枝中空,主枝下部有小侧枝。

管护部门:淇县黄洞乡全寨村村委会

编号:41062200045

中文名:侧柏　拉丁名:*Platycladus orientalis*

别名:黄柏、香柏、扁柏、扁桧、香树、香柯树

科属:柏科　侧柏属

树龄:210 年　保护等级:三级

经度:114.0923120°　纬度:35.7695790°

位于黄洞乡全寨村小蜂窝自然村,树高 14 m,胸围 105 cm,平均冠幅 7 m,东西 6 m,南北 7 m。

管护部门:淇县黄洞乡全寨村村委会

编号:41062200046

中文名:侧柏　拉丁名:*Platycladus orientalis*

别名:黄柏、香柏、扁柏、扁桧、香树、香柯树

科属:柏科　侧柏属

树龄:300 年　保护等级:二级

经度:114.0950120°　纬度:35.7714040°

位于黄洞乡全寨村小蜂窝冯家祖坟,树高 12 m,胸围 236 cm,平均冠幅 14 m,东西 12 m,南北 15 m,主干高 3 m,分权多头,长势旺盛。

管护部门:淇县黄洞乡全寨村村委会

编号:41062200047

中文名:皂荚　　拉丁名:*Gleditsia sinensis* Lam.

别名:皂角

科属:豆科　皂荚属

树龄:200 年　　保护等级:三级

经度:114.0957730°　纬度:35.7706470°

位于黄洞乡全寨村小蜂窝冯长民院中,树高 16 m,胸围 275 cm,平均冠幅 18 m,东西 18 m,南北 18 m,主干高 2 m,三大主分枝。

管护部门:冯长民个人所有并管护

编号:41062200048

中文名:杜梨　拉丁名:*Pyrus betulaefolia* Bunge

科属:蔷薇科　梨属

树龄:156 年　保护等级:三级

经度:114.1906500°　纬度:35.5485700°

位于北阳镇黄堆村东头庙前,树高 10 m,胸围 122 cm,平均冠幅 13 m,东西 14 m,南北 12 m,萌发新芽。

管护部门:淇县北阳镇黄堆村村委会

编号:41062200049

中文名:杜梨　拉丁名:*Pyrus betulaefolia* Bunge

科属:蔷薇科　梨属

树龄:113 年　保护等级:三级

经度:114.1906900°　纬度:35.5485400°

位于北阳镇黄堆村东头庙前,树高 15 m,胸围 172 cm,平均冠幅 20 m,东西 20 m,南北 20 m,枝叶茂盛。

管护部门:淇县北阳镇黄堆村村委会

编号:41062200050

中文名:侧柏　拉丁名:*Platycladus orientalis*

别名:黄柏、香柏、扁柏、扁桧、香树、香柯树

科属:柏科　侧柏属

树龄:122 年　保护等级:三级

经度:114.1223120°　纬度:35.7648760°

位于黄洞乡柳林村老爷庙前,树高 12.5 m,胸围 111 cm,平均冠幅 8 m,东西 8 m,南北 8 m。

管护部门:淇县黄洞乡柳林村村委会

编号:41062200051

中文名:侧柏　拉丁名:*Platycladus orientalis*

别名:黄柏、香柏、扁柏、扁桧、香树、香柯树

科属:柏科　侧柏属

树龄:300 年　保护等级:二级

经度:114.1223120°　纬度:35.8648990°

位于黄洞乡柳林村台庙前,树高 11 m,胸围 145 cm,平均冠幅 9 m,东西 8 m,南北 9 m。

管护部门:淇县黄洞乡柳林村村委会

编号:41062200052

中文名:国槐　拉丁名:*Sophora japonica* L.

别名:槐、黑槐、家槐、槐树、槐蕊、豆槐、白槐、细叶槐、金药材、护房树

科属:豆科　槐属

树龄:136 年　保护等级:三级

经度:114.2509360°　纬度:35.7024720°

位于高村镇高村村任河科院内,树高 13 m,胸围 195 cm,平均冠幅 14 m,东西 13 m,南北 14 m。

管护部门:任河科个人所有并管护

编号:41062200053

中文名:酸枣　　拉丁名:*Ziziphus jujuba* var. *spinosa*

科属:鼠李科　枣属

树龄:280 年　保护等级:三级

经度:114.1181080°　纬度:35.6247440°

位于北阳镇山头村火神庙前,树高 4.9 m,胸围 120 cm,平均冠幅 8 m,东西 8 m,南北 8 m。

管护部门:淇县北阳镇山头村村委会

编号:41062200054

中文名:梨　拉丁名:*Pyrus* spp.

科属:蔷薇科　梨属

树龄:230 年　保护等级:三级

经度:114.0583280°　纬度:35.6427970°

位于北阳镇油城村西沟,树高 6 m,胸围 163 cm,平均冠幅 8 m,东西 4 m,南北 11 m。

管护部门:冯照金个人所有并管护

编号:41062200055

中文名:国槐　**拉丁名**:*Sophora japonica* L.

别名:槐、黑槐、家槐、槐树、槐蕊、豆槐、白槐、细叶槐、金药材、护房树

科属:豆科　槐属

树龄:125 年　**保护等级**:三级

经度:114.2423075°　**纬度**:35.7178600°

位于高村镇三里屯村贾海军宅基地,树高 8.2 m,胸围 195 cm,平均冠幅 10 m,东西 10 m,南北 9 m。

管护部门:贾海军个人所有并管护

编号:41062200056

中文名:皂荚　拉丁名:*Gleditsia sinensis* Lam.

别名:皂角、猪牙皂、牙皂

科属:豆科　皂荚属

树龄:160 年　保护等级:三级

经度:114.1508360°　纬度:35.6482750°

位于卫都街道办事处大洼村,树高 8.2 m,胸围 210 cm,平均冠幅 16 m,东西 16 m,南北 16 m。抗日战争时期,日本人进村后,对该树进行锯头,后生长逐渐包裹伤口,南侧形成疤痕,成为历史的见证。

管护部门:关春海个人所有并管护

编号:41062200057

中文名:国槐 **拉丁名**:*Sophora japonica* L.

别名:槐、黑槐、家槐、槐树、槐蕊、豆槐、白槐、细叶槐、金药材、护房树

科属:豆科 槐属

树龄:600年 **保护等级**:一级

经度:114.124780° **纬度**:35.636174°

位于灵山街道办事处南四井村关帝庙前,树高7.5 m,胸围235 cm,平均冠幅10 m,东西9 m,南北11 m。此庙于明宣德五年(1430年)重修,自此有此树,生长于裸岩之上,树干中空,根部向南斜生一主枝,似一孩子坐在母亲怀里,认真听妈妈讲着过去的故事,甚是有爱。

管护部门:淇县灵山街道办事处南四井村村委会

附图　淇县林木种质资源普查

参 考 文 献

[1] 王遂义.河南树木志[M].郑州:河南科学技术出版社,1994.

[2] 鹤壁市地方史志编纂委员会.鹤壁市志(1986—2000)[M].郑州:中州古籍出版社,2007.

[3] 鹤壁市地方史志编纂委员会.鹤壁市志(1957—1985)[M].郑州:中州古籍出版社,1998.

[4] 鹤壁市地方史志办公室.鹤壁年鉴[M].郑州:中州古籍出版社,2019.

[5] 马淑芳.鹤壁市林木种质资源[M].郑州:黄河水利出版社,2020.